中国地质调查成果 CGS 2021-042
海南省海洋地质资源与环境重点实验室成果
海南省地质调查院成果
海南省重要矿产资源潜力评价成果丛书

海南省重要矿产遥感资料应用研究

HAINAN SHENG ZHONGYAO KUANGCHAN
YAOGAN ZILIAO YINGYONG YANJIU

陈育文　张志壮　等 编著

内容简介

本书通过收集、整理海南省各种比例尺的遥感数据资料,并结合相关地质资料进行综合研究,针对海南省地质构造背景、成矿规律以及5个Ⅳ级成矿带开展并完成了遥感地质矿产特征解译和遥感羟基及铁染异常信息提取,总结预测工作区、典型矿床的遥感找矿要素和遥感矿化蚀变异常特征,建立矿产资源潜力评价遥感数据库,为海南省基础地质构造研究和区域找矿预测提供了遥感依据,为海南省矿产资源的预测提供了遥感预测要素。

图书在版编目(CIP)数据

海南省重要矿产遥感资料应用研究/陈育文等编著.—武汉:中国地质大学出版社,2021.7
(海南省重要矿产资源潜力评价成果丛书)
ISBN 978-7-5625-5055-6

Ⅰ.①海…
Ⅱ.①陈…
Ⅲ.①矿产资源-地质遥感-研究-海南
Ⅳ.①P617.266

中国版本图书馆CIP数据核字(2021)第130124号

海南省重要矿产遥感资料应用研究		陈育文　张志壮　等 编著
责任编辑:胡珞兰	选题策划:毕克成　张　旭　段　勇	责任校对:张咏梅
出版发行:中国地质大学出版社(武汉市洪山区鲁磨路388号)		邮编:430074
电　　话:(027)67883511	传　　真:(027)67883580	E-mail:cbb@cug.edu.cn
经　　销:全国新华书店		http://cugp.cug.edu.cn
开本:880毫米×1230毫米　1/16		字数:348千字　印张:11
版次:2021年7月第1版		印次:2021年7月第1次印刷
印刷:武汉精一佳印刷有限公司		
ISBN 978-7-5625-5055-6		定价:158.00元

如有印装质量问题请与印刷厂联系调换

海南省重要矿产资源潜力评价

充分利用截至 2006 年的

海南省地质、矿产、物探、化探、遥感、自然重砂等成果资料。

相关专业技术人员前后历时 8 年

完成重要矿产单矿种、相关专业和总体评价系列成果。

值此成果丛书公开出版之际,

谨向为海南省地质勘查、地学研究等竭诚奉献的广大地质工作者

致以崇高的敬意!

《海南省重要矿产资源潜力评价成果丛书》编委会

主　任：李海忠　海南省地质局局长
副主任：曹　瑜　海南省地质局副局长
主　编：傅杨荣　海南省地质局总工程师
　　　　薛桂澄　海南省地质调查院院长
　　　　杨昌松　海南省地质局处长
编　委：(以姓氏拼音为序)
　　　　蔡水库　陈晓清　陈育文　官　军
　　　　何国伟　何玉生　李孙雄　谢顺胜
　　　　张固成　张志壮　周迎春

《海南省重要矿产遥感资料应用研究》

编著者：陈育文　张志壮　韩雪霞　王明珠　李志超　江佳琳

序

海南省位于中国最南端,行政区域包括海南岛、西沙群岛、中沙群岛、南沙群岛的岛礁及其海域,全省陆地(主要包括海南岛和西沙、中沙、南沙群岛)总面积 $3.54\times10^4 km^2$,海域面积约 $200\times10^4 km^2$。

1949 年后,尤其是 1988 年海南建省办经济特区以来,海南经济社会发展取得重大成就,从一个边陲海岛发展成为我国改革开放的重要窗口,实现了翻天覆地的变化。随着海南自由贸易港"三区一中心"战略的全面推进,海南将成为引领我国新时代对外开放的鲜明旗帜和重要开放门户。

在古代,海南省就有矿业活动。据史料记载,唐朝时曾有砂金开采,清朝乾隆年间曾对石碌铜矿进行过开采,清末民初对那大锡矿断续开采多年。地质调查工作始于 20 世纪初叶,1949 年后才开始大规模地开展地质勘探工作。经过几代地质工作者的努力,先后发现了一批具工业价值的矿产,为工业发展提供了矿产资源和能源保障。

改革开放后,我国经济高速发展对矿产资源的需求迅猛增长,资源供需矛盾日显突出。为了贯彻落实《国务院关于加强地质工作的决定》,2006 年国土资源部部署了全国重要矿产资源潜力评价工作,旨在通过系统总结以往地质调查和矿产勘查工作成果,评价未查明矿产资源潜力,为资源勘查,摸清资源底数提供依据。

海南省矿产资源潜力评价是全国矿产资源潜力评价计划项目中的一项工作项目,是全国矿产资源潜力评价工作的组成部分,其总体目标:根据全国重要矿产资源潜力预测评价技术要求,结合海南省实际,选择铁、锰、铜、铅、锌、铝、钨、钼、金、银、磷、萤石、重晶石、硫、稀土、煤、油页岩、锆英石砂、钛铁矿砂、石英砂、独居石砂共 21 个矿种开展资源潜力评价工作。在 21 个矿种中,油页岩、锆英石砂、钛铁矿砂、石英砂和独居石砂为海南省增选矿种,其他为全国要求评价的矿种。

海南省矿产资源潜力评价工作于 2007 年 6 月正式启动,2013 年 11 月结束,累计完成各类图件编制 1800 多张,图件数据库建设 1600 多个,编写图件说明书 1600 多份,编制各类报告 30 多份,全面完成了预期的目标任务,取得了丰硕成果。基本摸清了海南省重要矿产资源"家底",为矿产资源保障能力和勘查部署决策提供依据。

一是收集了海南省历年来地质、矿产、物探、化探、遥感、自然重砂工作资料。截至 2006 年底,编制了工作程度图,补充完善了基础数据库;总结了各专业课题组的预测评价技术方法。

二是首次以板块构造理论为基础,编制了海南省大地构造图,为区域成矿地质作用研究和矿产预测奠定了坚实的地质基础和依据,进一步提高了海南省区域地质研究程度。

三是首次系统地利用地质、矿产、物探、化探、遥感、自然重砂等多学科资料,针对铁、铝、铜、铅、锌、金、银、钼、钨、锰、稀土、磷、硫、萤石、重晶石、煤、锆英石砂、钛铁矿砂、石英砂、独居石砂、油页岩共 21 个矿种及不同矿床类型,系统地建立了全省 41 个典型矿床的成矿模式、找矿模型和 39 处预测工作区成矿模式及预测模型,丰富和发展了省内区域成矿理论,提升了综合信息矿产预测技术水平。

四是系统地利用地质、物探、化探、遥感、自然重砂等综合信息,全程应用 GIS 技术进行了全省重要矿产资源潜力评价与预测研究,圈定了评价矿种综合预测区。

五是首次系统建立了海南省完整的地学数据库,实现了矿产资源潜力预测研究全程信息化,为海南省矿产资源总体规划和专项规划及国土资源"一张图"工程打下了坚实的基础。

海南省矿产资源潜力评价在基础地质、矿床地质、典型矿床与成矿规律研究、多学科成果集成利用、预测方法、数据库建设中取得的一系列创新性成果,这些成果是制订海南省国民经济中长期发展规划、研究制定矿产资源战略、加强宏观调控的重要依据;是发展和推广利用成矿新理论、勘查新技术新方法、促进科研与调查密切结合的重要举措。

为了实现评价成果的广泛应用,为海南省经济社会发展、地学研究和提高自然资源调查研究程度发挥重要作用,海南省地质局部署安排海南省海洋地质资源与环境重点实验室联合海南省地质调查院共同编辑出版本丛书,以专题按分册(共计8册)出版,分别是地质背景研究、成矿规律研究、磁测资料应用研究、化探资料应用研究、遥感资料应用研究、自然重砂资料应用研究、综合信息集成研究和总体评价成果集成。

在海南自由贸易港建设如火如荼之际,冀以此套丛书的出版,更好地为海南资源保障、环境保护和国土空间规划提供基础地学支撑,为建功自贸港增砖添瓦。

向为本套丛书出版作出贡献的地质科技工作者和各方朋友致敬、致谢!

海南省地质局党组书记、局长:李海忠

2021 年 4 月 13 日

前　言

为了贯彻落实《国务院关于加强地质工作的决定》中提出"积极开展矿产远景调查和综合研究,科学评估区域矿产资源潜力,为科学部署矿产资源勘查提供依据"的要求和精神,国土资源部(现为自然资源部)部署了全国矿产资源潜力评价工作,并于2006年设立"全国重要矿产资源潜力预测评价及综合"工作项目,2007年1月该项工作做出重大调整,被列入国土资源部重点工作,项目名称更改为"全国矿产资源潜力评价"。

"海南省矿产资源潜力评价"项目系中国地质调查局"全国矿产资源潜力预测评价"(海南部分)项目的组成部分,以海南省地质调查院为主要业务承担单位。项目组下设顾问组、成矿地质背景课题组、成矿规律与矿产预测课题组、综合信息应用研究课题组和数据集成课题组。

遥感专题属综合信息应用研究课题,主要工作是进行遥感影像处理、地质构造的处理和解译,遥感羟基异常提取、遥感铁染异常提取。根据项目任务书要求,全国安排25个矿种潜力评价,结合海南省矿产资源特点,开展了铁、铝、铜、铅锌、钨、钼、金、银、萤石、重晶石、硫铁矿、磷、锰、稀土矿14个矿种(组)的潜力评价工作。其中2009年完成全省1∶25万标准分幅遥感影像图、遥感矿产地质特征解译图、遥感羟基异常分布图、遥感铁染异常分布图,全省1∶50万遥感影像图、遥感地质构造解译图、遥感异常组合图等省级基础遥感图件,以及铁、铝两个矿种的各类图件编制;2010年完成铜、铅锌、钨、金、磷、稀土6个矿种(组)预测工作区及典型矿床的遥感影像图、遥感矿产地质特征与近矿找矿标志解译图、遥感羟基异常分布图、遥感铁染异常分布图;2011—2012年完成钼、锰、银、硫铁矿、萤石、重晶石6个矿种(组)预测工作区,以及典型矿床的遥感影像图、遥感矿产地质特征与近矿找矿标志解译图、遥感羟基异常分布图、遥感铁染异常分布图。所有图件均提交了相应的说明书、元数据、数据库及相应的质量检查记录。

项目工作过程中,得到了海南省地质局遥感地质专家陈颖民高级工程师、全国遥感项目组唐文周教授、中国地质调查局自然资源航空物探遥感中心于学政教授以及中国地质调查局武汉地质调查中心崔放教授级高级工程师的悉心指导与帮助,在此向所有参与和关心此书出版的各位专家和同仁表示衷心的感谢。

本书由陈育文承担第一章、第三章、第四章、第五章的编写;张志壮承担第二章、第五章、第六章的编写。本书由陈育文负责统稿,张志壮负责校对,韩雪霞、王明珠、李志超、江佳琳等参与了遥感解译、遥感异常提取、计算机制图、建库等工作。

由于作者水平有限,书中难免存在不足之处,敬请各位专家、读者批评指正。

编著者

2021年5月

目 录

第一章 概 述 ……………………………………………………………………………… (1)
 第一节 目的和任务 ………………………………………………………………… (1)
 第二节 完成的主要工作量 ………………………………………………………… (2)
 第三节 主要研究成果 ……………………………………………………………… (3)

第二章 自然地理、地质概况及前人工作情况 …………………………………………… (5)
 第一节 区域自然地理概况 ………………………………………………………… (5)
 第二节 区域地质、矿产概况 ……………………………………………………… (7)
 第三节 区域遥感特征 ……………………………………………………………… (11)
 第四节 前人遥感地质工作程度 …………………………………………………… (12)

第三章 遥感工作内容与方法 …………………………………………………………… (14)
 第一节 遥感资料收集 ……………………………………………………………… (14)
 第二节 遥感影像制图 ……………………………………………………………… (15)
 第三节 遥感地质解译与编图 ……………………………………………………… (17)
 第四节 遥感异常提取 ……………………………………………………………… (18)
 第五节 遥感数据库建立 …………………………………………………………… (19)

第四章 省级遥感地质解译成果研究 …………………………………………………… (21)
 第一节 省级遥感矿产地质特征与成矿规律研究 ……………………………… (21)
 第二节 成矿区(带)遥感地质解译成果研究 …………………………………… (26)

第五章 省级遥感资料矿产资源潜力预测与评价 ……………………………………… (34)
 第一节 银矿预测遥感资料应用成果研究 ……………………………………… (37)
 第二节 钼矿预测遥感资料应用成果研究 ……………………………………… (59)
 第三节 锰矿预测遥感资料应用成果研究 ……………………………………… (83)
 第四节 萤石矿预测遥感资料应用成果研究 …………………………………… (89)
 第五节 硫铁矿预测遥感资料应用成果研究 …………………………………… (92)
 第六节 重晶石矿预测遥感资料应用成果研究 ………………………………… (99)
 第七节 金矿预测遥感资料应用成果研究 ……………………………………… (113)
 第八节 铜矿预测遥感资料应用成果研究 ……………………………………… (131)
 第九节 铅锌矿预测遥感资料应用成果研究 …………………………………… (136)
 第十节 钨矿预测遥感资料应用成果研究 ……………………………………… (138)
 第十一节 磷矿预测遥感资料应用成果研究 …………………………………… (147)

  第十二节 稀土矿预测遥感资料应用成果研究 ……………………………………………………(147)
  第十三节 铁矿预测遥感资料应用成果研究 ………………………………………………………(149)
  第十四节 铝土矿预测遥感资料应用成果研究 ……………………………………………………(158)
第六章 结论与建议 ……………………………………………………………………………………(163)
  第一节 主要成果 ……………………………………………………………………………………(163)
  第二节 结 论 ………………………………………………………………………………………(164)
  第三节 建 议 ………………………………………………………………………………………(164)
  第四节 存在问题 ……………………………………………………………………………………(164)
主要参考文献 ………………………………………………………………………………………………(166)

第一章 概 述

第一节 目的和任务

一、任务来源

海南省遥感资料应用工作是"海南省物探化探遥感自然重砂综合信息评价"项目的一部分,该项目系"海南省矿产资源潜力评价"的子课题。2007年9月18日中国地质调查局以中地调函〔2007〕175号文《关于下达2007年全国矿产资源潜力评价项目任务书的通知》下达项目任务。

海南省地质调查院承担"海南省矿产资源潜力评价"整个项目的工作。而该项目中物探化探遥感(以下简称物化遥)自然重砂综合信息评价子课题,由物化遥项目组负责,包括磁测资料应用专题研究、重力资料应用专题研究、化探资料应用专题研究、遥感资料应用专题研究、自然重砂资料应用专题研究等工作。

二、目的

通过收集、整理海南省各种比例尺的遥感数据资料,编制全省1:50万、1:25万遥感基础图件类和预测区、典型矿床系列遥感图件,并进行综合研究,其目的是:

(1)为区域地质构造背景研究、大地构造相图编图研究、区域成矿规律研究,提供遥感影像图、遥感异常组合图、遥感地质构造解译图等遥感基础研究资料。工作尺度为1:50万。

(2)为成矿规律研究提供1:25万标准国际分幅遥感影像图、遥感异常图(羟基和铁染异常)、遥感矿产地质特征解译图及其遥感矿产预测要素等遥感成果。工作尺度为1:25万。

(3)为省级矿产资源潜力评价矿种预测工作区、典型矿床研究,提供同比例尺遥感影像图、遥感异常图(羟基和铁染异常)、遥感矿产地质特征与近矿找矿标志解译图等找矿信息。工作尺度为1:25万~1:5000。

(4)为使遥感成果有效地应用于矿产资源潜力评价中,建立相应的遥感数据库。

三、任务

(1) 编制省(自治区、直辖市)范围的1:50万遥感系列专题图件。为海南省级矿产资源潜力评价需要,编制覆盖全岛陆域范围的1:50万遥感系列专题图件,即1:50万遥感影像图、1:50万遥感地质构造解译图、1:50万遥感异常组合图。

(2) 编制1:25万标准分幅遥感系列图件。为海南省1:25万区域地质背景研究、成矿规律研究、成矿预测研究提供遥感信息,编制1:25万标准分幅遥感系列图件,即1:25万标准分幅遥感影像图、1:25万标准分幅遥感矿产地质特征解译图、1:25万标准分幅遥感羟基异常分布图、1:25万标准分幅遥感铁染异常分布图。

(3) 编制矿产预测工作区、典型矿床所在区的遥感系列图件。为矿产预测工作区、典型矿床所在区成矿规律及成矿预测研究提供与预测底图同比例尺的遥感系列图件,即遥感影像图、遥感矿产地质特征与近矿找矿标志解译图、遥感羟基异常分布图、遥感铁染异常分布图。

(4) 根据"一图一库"原则,结合全国矿产资源潜力评价项目办公室(以下简称全国项目办)统一下发的 GeoMAG 软件,按照最新编定的遥感数据模型着手挂接已完成图件的属性数据,建立数据库。

第二节 完成的主要工作量

1. 收集及处理遥感数据

全面收集、整理前人遥感工作相关资料,收集全省5景 TM/ETM+ 数据,部分预测工作区 SPOT 遥感数据1景、RapidEye 遥感数据2景,收集下载部分典型矿床研究区高分辨率的 WorldView-2、QuickBird 等各类遥感数据。处理各类遥感数据,编制完成了省级、预测工作区及典型矿床等不同比例尺遥感影像图。

2. 省级基础遥感地质研究

省级基础遥感地质研究成果包括1:50万和1:25万的成果。

本次矿产资源潜力评价编制完成了1:50万海南省遥感构造解译图、1:50万海南省遥感异常组合图、1:50万海南省遥感工作程度图,编制完成了覆盖全省范围的1:25万标准分幅遥感影像图、分幅遥感矿产地质特征解译图、分幅遥感羟基异常分布图、分幅遥感铁染异常分布图等,并编写相应的说明书,建立数据库、元数据。1:25万标准分幅共完成编制图件24幅,建库18幅,说明书24份,元数据24份。

3. 重要预测矿种预测工作区、典型矿床遥感研究

主要矿种的预测工作区及典型矿床遥感研究是本次工作的重点,本次工作编制完成了预测工作区与典型矿床(或典型矿床所在区域)遥感影像图、遥感矿产地质特征与近矿找矿标志解译图、遥感羟基异常分布图、遥感铁染异常分布图等,并编写相应的说明书,建立数据库、元数据及撰写遥感应用专题成果报告。共完成预测区图件112幅,建库84幅,说明书112份,元数据112份;典型矿床图件32幅,建库22幅,说明书32份,元数据32份。

第三节 主要研究成果

1. 遥感工作方法进展

(1)收集了有关的遥感数据、地形及相关的地质矿产资料,收集、整理并总结了前人的遥感工作成果。首次在典型矿床研究使用了 Google 上的高分辨率遥感影像,通过实验研究,确定影像成图质量能够满足海南省典型矿床遥感研究的精度需要,是利用互联网进行遥感资料收集与研究的一次有益的尝试。

(2)首次对覆盖海南岛范围的 ASTER 数据进行蚀变信息的提取,首次编制了 1∶25 万标准分幅遥感影像图、遥感矿产地质特征解译图、遥感羟基异常分布图、遥感铁染异常分布图及海南省 1∶50 万遥感影像图、遥感地质构造图、遥感异常组合图、遥感工作程度图,并编写了相应的说明书,为研究区域地质与矿产的关系提供了基础资料。

(3)首次将遥感影像解译、蚀变信息提取用于铁、铝、铜、金等矿产预测工作区及典型矿床研究,对 28 个预测工作区和 10 个典型矿床进行了矿产地质特征及遥感近矿找矿标志解译、遥感羟基异常分布图及遥感铁染异常分布图的编制。提出了断裂构造、环形构造、近矿找矿标志、遥感异常信息与成矿之间的关系,综合圈定了遥感最小预测区,指出了预测方向。

(4)综合研究遥感五要素及遥感异常特征与矿产资源的关系,圈定各矿种遥感最小预测区 46 处(其中铜矿 3 处,金矿 8 处,铅锌矿 6 处,磷矿 1 处,钨矿 3 处,稀土矿 3 处,锰矿 1 处,钼矿 8 处,银矿 6 处,硫铁矿 2 处,萤石矿 2 处,重晶石矿 3 处。铁矿、铝土矿为 2009 年工作,未圈定遥感最小预测区),为全省矿产资源潜力评价提供了参考。

(5)遥感异常信息提取技术的全面推广。此次遥感异常提取工作是遥感异常信息提取技术在海南省的全面推广,是根据统一标准、统一要求进行的。遥感异常提取按照中国地质调查局自然资源航空物探遥感中心张玉君教授(2007)编制的《遥感异常提取方法技术推广教材》进行,即采用去干扰异常主分量门限化技术对海南岛覆盖范围的 ASTER 数据进行蚀变信息的提取。

2. 遥感构造研究成果

(1)通过本次工作采用 ETM 卫星数据,对海南省 1∶25 万标准分幅及 1∶50 万遥感影像地质构造进行了系统的解译,共解译出线要素 705 条、环要素 149 个,包括大中小型的遥感断层要素、遥感脆韧性变形构造要素和遥感环要素。羟基-铁染异常组合研究共提取羟基-铁染异常组合图斑 34 275 个,共圈出 105 处遥感异常,获得了新认识,为本项目地质背景编图提供了遥感依据。

(2)遥感地质特征针对性解译。通过本次工作,遥感地质针对地质构造进行解译仍然是遥感影像解译的强项,尤其对沉积岩地层区的地层解译具有较好的效果,对环形构造的解译也具有较好的效果。利用遥感影像解译对矿产资源进行评价及预测,在侵入岩地区具有一定的效果,但对沉积岩区的沉积矿产效果不理想。

3. 遥感预测找矿方面的进展

通过本次矿产资源潜力评价工作,遥感预测找矿作为矿产资源潜力评价工作中的重要因素,充分应用遥感影像,为成矿规律研究、典型矿床、不同类型的单矿种成矿预测区,提供相应的影像图、遥感异常图、遥感矿产地质特征与遥感近矿找矿信息解译图,分析和提取找矿信息,同时,配合物探、化探及其他手段,综合分析成矿要素,为成矿预测和圈定成矿远景区提供借鉴。

4. 数据库成果

根据"一图一库"原则,以全国项目办统一下发的 GeoMAG 软件为平台,建立了遥感专题成果数据库,包括全省性图件及数据库、1∶25 万国际标准分幅图件及数据库、与矿产预测工作区同比例尺遥感图件及数据库、与典型矿床研究同比例尺遥感图件及数据库等共计 126 幅图件数据库。

5. 成果报告

完成了本次海南省资源潜力评价遥感资料应用成果报告的编写;完成遥感资料应用研究各种图件编图说明书和数据库说明书的编写。

第二章　自然地理、地质概况及前人工作情况

第一节　区域自然地理概况

海南岛地处中国的南端,北以琼州海峡与广东省划界,西临北部湾与越南相对,东濒南海与台湾省相望,东南和南边在南海中与菲律宾、文莱和马来西亚等国为邻。地理坐标:东经108°37′—110°02′,北纬18°10′—20°10′。

海南岛形似一个呈北东至南西向的椭圆形大雪梨,东北至西南长约290km,西北至东南宽约180km,总面积$3.39×10^4km^2$,环岛海岸线长1528km,有大小港湾68个,周围-5m至-10m的等深地区达2 330.55km^2。海南省是我国最大的海洋省,省辖海域面积$200×10^4km^2$。

海南岛北与广东雷州半岛相隔的琼州海峡宽约18海里[①],是海南岛与大陆之间的"海上走廊",也是北部湾与南海之间的海运通道。从中国的海南岛北的海口市至越南的海防仅约220海里,从海南岛南的榆林港至菲律宾的马尼拉航程约650海里。岛内公路网线覆盖全岛,交通便利,详见图2-1。

全省现有人口803.13万人,有汉、黎、苗、回等民族。全省现辖2个地级市、6个县级市、4个县、6个民族自治县、5个市辖区、1个办事处(西南中沙群岛办事处,县级),省会海口市。

海南岛四周低平,中间高耸,呈穹隆山地形,以五指山、鹦哥岭为隆起核心,向外围逐级下降,由山地、丘陵、台地、平原构成环形层状地貌,梯级结构明显。

山地和丘陵是海南岛地貌的核心,占全岛面积的38.7%。山地主要分布在岛中部偏南地区,山地中散布着丘陵性的盆地。丘陵主要分布在岛内陆和西北、西南等地区,在山地丘陵周围,广泛分布着宽窄不一的台地和阶地,占全岛总面积的49.5%。环岛主要为火山玄武岩台地和海蚀堆积海岸、由溺谷演变而成的小港湾或堆积地貌海岸、沙堤围绕的海积阶地海岸,海岸生态以热带红树林海岸和珊瑚礁海岸为特点。

海南岛的山脉多数在500～800m之间,属丘陵性低山地形,海拔超过1000m的山峰有81座,成为绵延起伏在低丘陵之上的长垣。海拔超过1500m的山峰有五指山、鹦哥岭、俄鬃岭、猴猕岭、雅加大岭、吊罗山等。这些大山大体可分为3个山脉:五指山山脉,位于岛中部,主峰海拔1 867.1m;鹦哥岭山脉,位于五指山西北,主峰海拔1 811.6m;雅加大岭山脉,位于岛西部,主峰海拔1 519.1m。

海南岛是我国最具热带海洋气候特色的地方:全年暖热、雨量充沛,干湿季节明显,热带风暴、台风频繁,气候资源多样。

海南岛纬度较低,太阳投射角大,光照时间长。年太阳总辐射为110～140kcal/cm^2,年日照时数为1750～2650h,光照率为50%～60%。日照时数按地区分,西部沿海最多,中部山区最少;按季节分,依夏、春、秋、冬顺序,从多到少。各地年平均温度在23～25℃之间,中部山区较低,西南部较高。全年没有冬季,四季常青,1—2月为最冷月,平均温度16～25℃。夏季从3月中旬至11月上旬,7—8月为平均

---

① 1海里(n mile)=1852m。

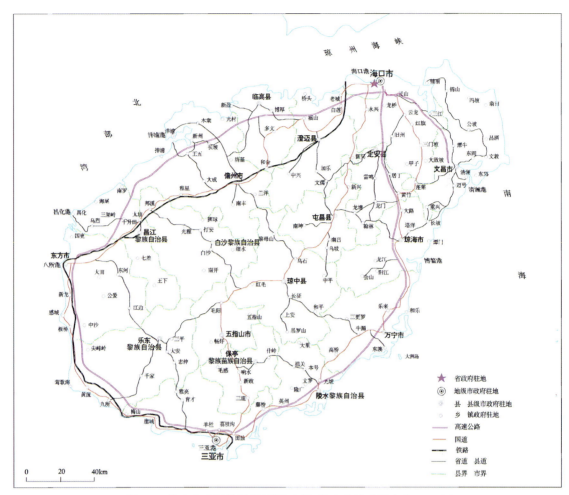

图 2-1　海南岛交通位置图(图件来源:海南省地质调查院,2008)

温度最高月份,在 25~29℃ 之间。

全岛大部分地区降雨充沛,年平均降雨量在 1600mm 以上。东湿西干明显。多雨中心在中部偏东的山区,年降雨量 2000~2400mm,西部少雨区年降雨量 1000~1200mm。降雨季节分配不均匀,冬春干旱,旱季自 11 月至翌年四五月,夏秋雨量多,5—10 月为雨季,总降雨量 1500mm 左右。全年岛内湿度大,年平均水汽压为 230~2600Pa,中部为湿润区,西南部沿海为半干燥区,其他地区为湿润区。

海南岛是个多热带风暴、台风地区。影响本岛的热带风暴、台风次数多,一年 8~9 次。风害以东北部沿岸地区较严重。同时海南岛是全国雷暴活动最多的地区,南部沿海雷日数 60~85d。

海南岛地势中高四周低,比较大的河流大部分发源于中部山区,组成辐射水系。全岛独流入海的河流共 154 条,其中汇水面积超过 100km² 的有 38 条。南渡江、昌化江、万泉河为本岛三大河流,汇水面积均超过 3000km²,3 条大河流流域面积占全岛面积的 47%。南渡江发源于白沙南峰山,斜贯岛北部,流经白沙、琼中、儋州、澄迈、屯昌、定安、琼山至海口入海,全长 311km,流域面积 7176.5km²。昌化江则发源于琼中空示岭,横贯全岛西部,流域面积 5070km²,全长 230km,于昌江黎族自治县昌化港入海;万泉河全长 163km,流域面积达 3693km²,其入海口为博鳌港。

第二节　区域地质、矿产概况

一、地层概况

海南岛地层发育较全,自中元古界长城系至第四系,除缺失蓟县系、泥盆系及侏罗系外,其他地层均有分布。其中九所-陵水断裂与王五-文教断裂之间为五指山地层分区,王五-文教断裂以北为雷琼地层分区的海口小区,九所-陵水断裂以南为南海地层大区。其中海南岛的陆地部分为三亚地层区,包括西沙群岛、南沙群岛在内的广大海域及近岸大陆架的莺歌海盆地。

岛内出露地层的岩性主要有白云岩、灰岩、砂岩、石英砂岩、粉砂岩、页岩、泥岩、砂砾岩等。此外,还有第四纪松散砂土层,总分布面积约占全岛总面积的50%,但以第四系为主,其中五指山褶冲带各地层岩性特征详见表2-1。

表2-1　海南岛五指山褶冲带地层岩性特征表

构造单元		地层年代	代号	主要岩性	厚度(m)
五指山褶冲带	盖层	白垩纪	K	石英砂岩、粉砂岩、泥岩、砂砾岩、砾岩	>1000
		三叠纪	T	泥岩、泥质粉砂岩、砾岩、细砂石岩	345~1020
		二叠纪	P	石英砂岩、板岩、灰岩、硅质岩	>1200
		石炭纪	C	砂岩、粉砂岩、板岩、结晶灰岩	101~247
	基底	志留纪	S	石英砂岩、板岩、千枚岩、砾岩、结晶灰岩粉细砂岩	>3000
		奥陶纪	O	云母石英片岩、千枚岩、板岩、石英岩等	3151
		寒武纪	∈	变质长石砂岩、云母石英片岩、石英灰岩、结晶灰岩、大理岩、变质细砂岩	>500
		震旦纪	Z	变质石英砂岩、石英岩夹泥岩、硅质岩	214.2
		青白口纪	Qb	浅变质的细粒碎屑岩、碳酸盐岩	>1 215.3
		长城纪	Ch	片麻岩、片岩、混合岩	>5943

二、岩浆岩

海南岛侵入岩产出面积约12 420 km²,占全岛面积的36.62%,主要分布于岛中南部的五指山区及西部儋州、石碌、尖峰一带。此外近岸的七洲列岛、白鞍岛、大州岛等岛屿均由侵入岩构成。岩体成因类型有I型、S型及A型3种,以I型成因的岩体居主体。岩体时代除震旦至志留纪尚未发现有侵入岩外,长城纪、泥盆纪至白垩纪都有侵入岩分布,尤以三叠纪侵入岩分布最为广泛。岩性以中粒斑状黑云母花岗岩和二长花岗岩为主。从全岛出露来看,60%以上岩性为二长花岗岩。从规模来看,主要有海西期的石碌岩体、志仲岩体,海西期—印支期的儋州岩体,印支期的琼中岩体、雅加岩体,燕山晚期的保城岩体、吊罗山岩体、屯昌岩体。

火山岩的分布面积约4627km², 占全岛面积的13.6%。主要分布于琼北海口、临高、儋州、文昌、琼海一带, 南部的牛腊岭、同安岭火山岩盆地及中部的五指山岩被。其中中生代早白垩世火山岩系陆相双峰式火山岩呈岩被产出, 覆盖面积627km²; 新生代中新世—第四纪火山岩, 呈岩被产出, 覆盖面积约4000km², 属大陆板块边缘内侧与裂谷有关的玄武岩, 由以富钠为特征的亚碱性拉斑玄武岩系列和碱性玄武岩系列组成。

三、构造概况

(一) 大地构造单元划分

按照全国项目办的划分方案, 海南岛以九所-陵水构造带为界划分出两个一级构造单元, 北属武夷-云开-台湾造山系, 南为印支地块。武夷-云开-台湾造山系和印支地块在岛内仅有一个二级构造单元, 分别为五指山岩浆弧和三亚地体。五指山岩浆弧以东西向王五-文教构造带为界, 划分为雷琼裂谷和五指山褶冲带两个三级构造单元, 在此基础上, 五指山褶冲带以白沙断陷构造带为界再划分琼西岩浆弧和琼东陆内盆地两个四级构造单元(图2-2)。

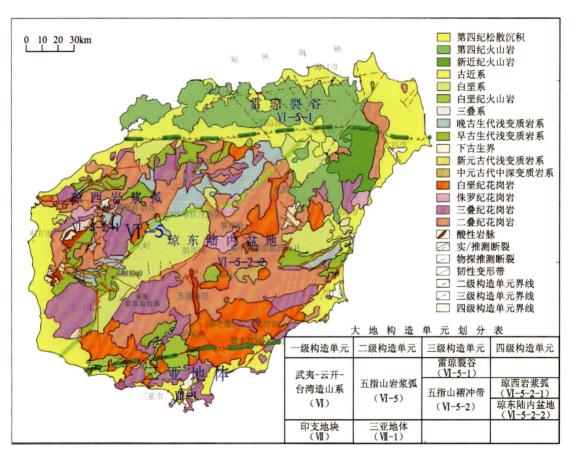

图2-2 海南岛构造单元分区示意图(图件来源:海南省地质调查院, 2008)

(二)大地构造单元特征

1. 五指山岩浆弧

1) 雷琼裂谷

雷琼裂谷位于东西向王五-文教构造带以北地区,为新生代形成的近东西向展布的裂谷盆地,是海南岛新构造运动最强烈的地区,表现形式多样,包括断裂活动、地震和火山喷发或喷溢活动等。断裂方向主要是东西向、北西向和北东向,少量南北向。

2) 五指山褶冲带

该褶冲带介于东西向王五-文教构造带和九所-陵水构造带间的区域。除缺失蓟县系、南华系和泥盆系、侏罗系外,所出露的地层基本上涵盖了海南岛主要岩石地层单位,前古生代地层普遍受到了区域变质作用的改造。构造单元内经历了晋宁期、加里东期、海西期、印支期、燕山期等多期次的构造作用,形成了一幅比较复杂的构造变形图像,各种构造迹象非常丰富,是研究海南岛构造演化的场所。岩浆活动强烈,尤以二叠纪、三叠纪花岗岩为甚。

以白沙构造带西缘断裂为界,进一步划分出两个次级构造单元:琼西岩浆弧、琼东陆内盆地。

(1) 琼西岩浆弧。以广泛分布的岩浆岩为特征,时代涵盖中元古代—中生代,并以二叠纪、三叠纪花岗岩为主体。

经历了晋宁期以来多期构造运动的改造,前古生代地层都发生了区域变质和变形,形成了不同的变质相和变形相(中元古界为角闪岩相变质和深层次变形,新元古界为高绿片岩相变质和深层次变形,下古生界为低绿片岩相变质和中深层次变形,上古生界为低绿片岩相变质和中浅层次变形)。古生界中,多见变质基性火山岩呈夹层状产出,火山岩具有板内环境火山岩的特征。二叠纪花岗岩岩石普遍发育线理和叶理,从西往东,走向呈近东西—北西西向往北东向偏转,与区域构造线方向基本呈"整合状",属于同造山期岩浆侵位的产物。

由于前寒武纪构造被后期海西期构造强烈改造,因此目前所能识别的构造走向主要是:早期(海西期)为略向南面凸出的东西向弧状;中期(印支期—燕山期)为北东向,横跨叠加于海西期面理之上,并对早期面理进行了改造;晚期(燕山期)以广泛发育南北向脆性断裂为特征。

(2) 琼东陆内盆地。以广泛发育盆地沉积为特点,包括白沙、雷鸣、阳江白垩纪盆地,翰林、琼海三叠纪拉分盆地,以及蓬莱古近纪火山盆地、长昌古近纪盆地、龙门新近纪火山盆地等。主要出露长城系、奥陶系、三叠系、白垩系、古近系、新近系和第四系。长城系为角闪岩相变质和深层次变形,奥陶系为低绿片岩相变质和中深层次变形。分布有二叠纪、三叠纪、侏罗纪、白垩纪等中生代花岗岩,而缺乏中元古代花岗岩。二叠纪、三叠纪花岗岩发育走向北东的线理和面理构造,生成于同造山期—晚造山期;侏罗纪、白垩纪岩体定向组构不发育,形成于离散环境,并往往受多方向断裂的控制,导致岩体平面中常呈不规则长条状分布。区内构造线以北东向为主,并被后期多方向断裂切割和改造。

2. 三亚地体

三亚地体南面大部分地区都被海水淹没。北面三亚陆地出露寒武系孟月岭组、大茅组浅海相陆源碎屑岩夹少量磷块岩,以及奥陶系大葵组、牙花组、沙塘组、榆红组、尖岭组、干沟村组等一套巨厚的具有稳定型碎屑岩-碳酸盐岩建造特点的沉积盖层,岩石未发生区域变质和透入性变形。早期,地壳以升降运动为特点,使得寒武系与奥陶系呈平行不整合接触;晚期,南、北两地体的碰撞对接,导致地体内发育北东向的逆冲推覆构造带。

燕山期,进入大陆边缘活动演化时期,岩浆作用强烈,形成侏罗纪、白垩纪花岗岩。

四、区域矿产特征简介

海南岛位于环西太平洋成矿带的中段，具有优越的成矿地质条件，蕴藏着丰富多样的矿产资源，是我国矿产资源相对丰富且种类比较齐全的省份之一。

海南省矿产资源丰富，矿种齐全，探明储量位居全国前列的优势矿产有天然气、玻璃用石英砂、钛锆砂矿、蓝宝石、富铁矿、三水型铝土矿、油页岩、饰面花岗石材、水晶、高岭土、脉石英、饮用矿泉水和医疗热矿水等。

（一）金属矿产资源

金属矿产资源有贵金属矿产、黑色金属矿产、有色金属矿产及稀有稀土金属矿产。

1. 贵金属矿产

该类矿产主要为金矿。矿床类型有破碎带蚀变岩型、石英脉型和蚀变糜棱岩型3种，而具前两种类型的抱伦金矿，其储量占总储量的73%以上。

2. 黑色金属矿产

该类矿产主要为铁、钛、锰，其中富铁矿和钛矿探明储量分别居全国第六位和第三位。

铁：铁矿共有产地7处。矿产地中以昌江黎族自治县石碌铁矿规模最大，为国家重要的富铁矿石生产基地。该矿床属受变质的沉积矿床，铁质主要来源于海底火山喷发，矿石为鳞片状赤铁矿。

钛：钛矿皆为砂矿，分布于东海岸一带，与锆英石、独居石等矿产伴生。已发现产地自文昌市至三亚市断续分布达300余千米，其规模在国内同类矿床中首屈一指。

锰：锰矿产地仅发现三亚市大茅锰矿1处，为与大茅磷矿伴生的矿产，深部为原生碳酸锰矿石，浅部为氧化锰矿石。

3. 有色金属矿产

该类矿产主要有铝、钴、钼、铜、铅、锌、锡、钨8种。

铝：铝矿产地仅文昌市蓬莱铝土矿1处。铝矿为残坡积三水型铝土矿，矿石呈块砾状分布在玄武岩风化红土层中。

钴：钴矿有原生硫化物钴矿及次生钴土矿两类。蓬莱钴土矿与铝土矿、蓝宝石伴生，属产于玄武岩风化红土层中的坡残积矿床。

钼：钼矿有云英型和斑岩型两类，矿石皆呈细脉浸染状，含钼矿物为辉钼矿，矿产地3处。

铜：铜矿有细脉浸染的层状矿床和矽卡岩型矿床两类，矿产地2处。

铅、锌：铅锌矿主要为石英脉型矿床，矿产地3处。

4. 稀有稀土金属矿产

该类矿产主要有锆、轻稀土及铌钽4种，共有产地37处。

（二）非金属矿产资源

非金属矿产资源较丰富，包括冶金辅助原料矿产、化工原料矿产、建材及其他非金属矿产等。

冶金辅助原料矿产：冶金用萤石矿产地6处，冶金用白云岩、冶金用石英岩、耐火黏土矿产地各1处，分布于乐东、琼中、昌江、海口等市县。其中琼中县什统萤石矿属大型规模；冶金用白云岩为大型规模；冶金用石英岩属中型规模；耐火黏土为海口市长昌煤矿的共生矿产。

化工原料矿产：包括硫铁矿5处，重晶石1处，泥炭3处，磷矿4处，共计13处矿产地，其中小型矿床12处、中型矿床1处。硫铁矿主要分布于昌江、保亭等县。重晶石分布于儋州市。磷矿分布在三亚、儋州、东方等市及西沙群岛，多为中、低品位的矿石，主要矿区为三亚市大茅磷矿，为中型矿床，占全省储量的95%。西沙群岛及东方市江边磷矿属第四纪堆积鸟粪土。泥炭分布于三亚、儋州、陵水等市县，均属小型矿床，属第四纪沉积矿床。

建材及其他非金属矿产：此类资源共计13种，以水泥灰岩、玻璃用砂、建筑板材、宝石、水晶等矿产为主，另有石墨、云母、沸石、膨润土、水泥配料页岩、水泥配料黏土、水泥用大理岩和硅藻土等。

第三节　区域遥感特征

地物由于其种类和环境条件不同，在不同波长电磁波的频段上，具有不同的地物波谱反射和辐射特征，遥感正是在高空和外层空间的各种平台上，运用各种传感器对地物电磁波的感应成像，不同的地物表现在影像上为色调、形状、大小、阴影和纹理等信息的差异。在Landsat-7卫星的ETM(R7G4B3)影像中，海南岛几何特征和光谱特征完全反映了海南岛土壤与植被的垂直分布、地域分异规律——立体环状结构的特点：从外到中间依次分为冲积海积平原、热带雨林台地阶地、热带季雨林丘陵山麓坡地和常绿林山地(图2-3)。区域影像特征为颜色呈白色、紫红色、灰绿色和蓝色等，以绿色为主色调。影像色调呈白色的主要分布在文昌、万宁、陵水、三亚、莺歌海、感城、东方和白马井等沿海岸市县区域冲积海积平原，尤以白马井—海头—海尾—昌化江一带最为广泛，包括乐东盆地大小不等的白色图斑，此外部分海岸带分布有条带状白色图斑，并且图斑中分布着规则几何形状的蓝色斑点，反映了冲积海积平原、滨海沙地、滩涂裸露地表及其分布的植被等地物；紫红色和灰绿色图斑主要分布在山地和滨海平原的过渡地带，分布比较广阔，主要裸露耕地和种植园区。山区的主要特征为深绿色，蓝色图斑在平原地区、山地和滨海平原的过渡地带均有分布，是水库和湖泊等水系的影像特征(图2-4)。

图2-3　海南岛三维遥感影像图

图 2-4　海南岛卫星遥感影像图(图件来源:海南省地质调查院,2008)

色调和色差、地貌和水系是构造层解译最突出的特征信息。海南岛地处亚热带,植被发育,在遥感影像上显示为绿色基本色调,但地貌和水系在不同构造层中反映特征则特别明显,如第四纪构造层大部沿海南岛四周分布,以浅色调为主,地势平坦,河湖众多,沟道弯曲,树枝状水系发育,而琼北大面积分布的新生代火山岩则以蓝色、深绿色为主,地势平坦,呈蠕虫状斑点影纹。

第四节　前人遥感地质工作程度

海南省的遥感工作开展起步较晚,该省早期的很多遥感工作主要是依托省外技术力量完成的,有些资料收集的难度较大。现有资料中只有海南岛的小部分地区有较新时相的高分辨率卫星遥感影像资料;海南岛大部分地区常年植被覆盖率高,对部分遥感信息提取如矿化异常等信息的提取干扰很大,所以这方面工作的成果资料相对匮乏。海南省以往主要的遥感调查研究工作见表 2-2 和图 2-5。

表 2-2　海南省遥感工作程度一览表

序号	工作名称	年份	工作单位
1	开展土地利用、地貌、第四纪地质等遥感工作,并出版了《海南航空相片判读文集》	1980	中国科学院遥感所
2	编制出版了《海南岛 1∶20 万 TM 卫星影像集》	1986	中国卫星地面站

续表 2-2

序号	工作名称	年份	工作单位
3	在海口、洋浦、八所等地区进行了1∶2万比例尺的彩色红外航空摄影	1990	地质矿产部地质遥感中心
4	海南岛开展了TM卫星图像解译研究工作,并编制了1∶10万比例尺的地质、地貌、植被、土地利用、交通解译图	1990	北京大学遥感所
5	在海南全岛范围进行了1∶3.5万比例尺的彩色红外航片摄影,同时编制了全岛的1∶1万比例尺黑白正射影像图	1988—1991	国家测绘局
6	在海南岛进行1∶10万机载测视雷达成像,开展了地质构造解译和地震研究工作	1990	国家地震局
7	在洋浦和海口开展了土地利用、植被、海岸带变迁及城市遥感调查,同时编制出版了《海口市和洋浦经济开发区1∶1万航空遥感彩色红外影像图》和《海南岛1∶20万TM卫星影像集》	1990—1992	地质矿产部地质遥感中心
8	海南岛遥感综合调查	1999	地质矿产部航空遥感中心
9	海南省国土资源遥感综合调查。在土地资源、矿产资源、水资源、海岸带和旅游资源、构造稳定性评价、生态环境评价及地质灾害调查等方面开展了工作	2002—2003	海南省地质调查院
10	海口市城市环境地质遥感调查,选用2002年的TM卫星数据作为基本遥感资料,开展水文、地貌、地层、构造等遥感工作,同时编制《海口市城市生态环境遥感调查报告》及《海口市1∶5万遥感影像及遥感解译图》	2004	海南省地质调查院

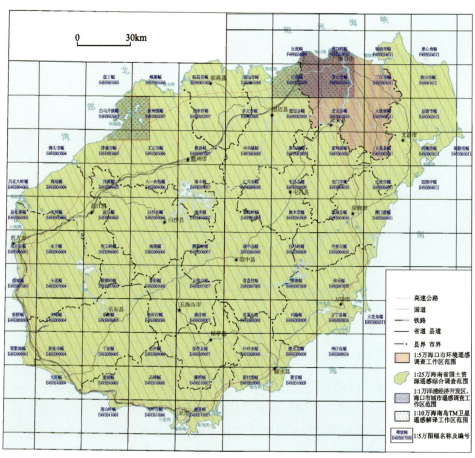

图 2-5 海南省遥感工作程度图

第三章 遥感工作内容与方法

第一节 遥感资料收集

在本项目工作中主要选用了由陆地卫星 ETM 传感器在 1999—2001 年间获取的图像数据,部分典型矿床所在地区采用了高分辨率卫星遥感资料。

全省及基础类图件采用覆盖全岛的 Landsat-5 TM、Landsat-7 ETM 数据,共涉及 5 景(图 3-1),数据来自中国遥感卫星地面站,每景数据记录介质均为 CD-ROM。Landsat-5 数据格式为 BSQ,波段为 B1~B7;Landsat-7 ETM 数据格式为 FAST-L7A,波段为 B1~B5、B6L、B6H、B7、B8。B1~B5、B7 像元分辨率为 30m,B6 像元分辨率为 60m,B8 像元分辨率为 15m。以上所有数据的产品处理级别为 L2,EDC 级别为 LIG,也就是说经过了辐射校正和系统级几何校正处理。

在乐东红门钼矿、琼中什统萤石矿、昌江保由重晶石矿、保亭情安岭硫铁矿、昌江石碌银矿 5 个典型矿床所在地区,收集了 SPOT、IKONOS、QuickBird 等卫星数据,空间分辨率分别可达到 2.5m 和 1m,可以满足大比例尺的编图要求。

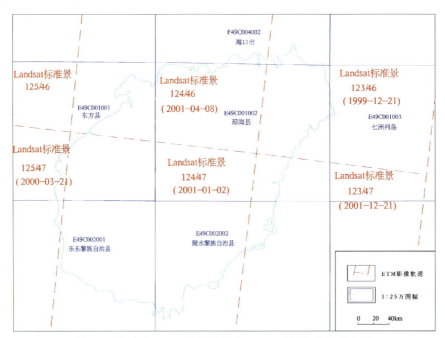

图 3-1　海南岛 ETM 数据覆盖及 1∶25 万标准分幅示意图

不同接收时间和季节的 TM 图像,其影像色调存在的差异给各景的镶嵌和解译带来困难。要收集全岛在同一时间内的图像资料是难以实现的。由于海南岛特殊的地理接收位置,很难保证一年内接收到时相相近的一套完整数据,致使海南岛内每景 TM 数据接收时相差别较大,从而造成不同季节的植被长势、农作物生长、水体分布都有很大差别,这为图像数字镶嵌和解译工作带来了一定的难度。因此,为了保证各景图像的可对比性,只能尽可能选择相近时相的影像。对海南岛而言,以选择秋冬季的影像为宜。表3-1为各景TM图像的情况。

表3-1　所用遥感图像数据一览表

卫星	传感器	轨道	接收时间(年-月-日)	空间分辨率
Landsat7	ETM+	123/47	2001-12-21	B8为15m　B1—B7为30m
Landsat7	ETM+	123/46	1999-12-21	B8为15m　B1—B7为30m
Landsat7	ETM+	124/47	2001-01-02	B8为15m　B1—B7为30m
Landsat7	ETM+	124/46	2001-04-08	B8为15m　B1—B7为30m
Landsat7	ETM+	125/47	2000-03-21	B8为15m　B1—B7为30m

第二节　遥感影像制图

一、TM/ETM遥感影像制图

1. 波段合成

TM/ETM为多波段遥感数据,各波段的波长范围不同,记录和反映地物的能力不同。在目前的遥感地学宏观研究中,通常选用TM假彩色合成即标准假彩色合成(TM4、TM3、TM2)。但不同的研究者针对不同地区采用了不同的波段合成方式,有选择波段TM7、TM4、TM3合成,绿色指数与波段TM2、TM3合成,尚没有统一的标准。

不同地物具有不同的波谱特征,反之,不同的电磁波段可以反映不同的地物特征。用作遥感信息提取时的影像大都采用彩色合成图像,这是基于人眼对色彩的识别能力大大高于对灰度的识别能力的正确选择。彩色合成处理时,波段选择是关键。理想的情况是波段相关系数最小,方差最大(信息量丰富)。根据TM七个波段间的相关系数,TM7、TM4、TM3波段间的相关系数最小,其次是TM7、TM4、TM2波段。

依据不同波段的相关性,考虑到TM1波段是蓝光波段,在大气传输过程中易发生瑞利散射,使图像不清晰,结合以往的工作经验及不同波段的合成对比试验,最终选定波段TM7、TM4、TM3合成方式。合成后的图像充分反映研究区不同地物的信息,不同地物间层次清晰、色彩丰富,且接近于真彩色,反差适中,所以研究区TM7、TM4、TM2波段彩色合成效果最佳。

由波段TM7、TM4、TM3组合成的彩色图像(30m),与ETM+8波段进行小波融合,生成空间分辨率较高(15m)的遥感图像。

2. 1∶10万地形图扫描和校正

1∶10万比例尺的纸质地形图经扫描、几何纠正及色彩校正后,生成在内容、几何精度和色彩上与原图保持一致的栅格数据文件。根据项目要求,本次遥感地质矿产研究精度为1∶10万比例尺。为此我们收集了海南岛全部地区1∶10万地形图。先将地形图以300dpi分辨率、TIF格式扫描成数字图像,再将扫描图像进行几何纠正,生成在内容、几何精度和色彩上与原图保持一致的栅格数据文件。1∶10万扫描地形图均为高斯-克吕格投影,1954北京坐标系、克拉索夫为参考椭球体,按此参数校正到实际地理位置。由于扫描的地形图的几何纠正精度在很大程度上取决于控制点的精度、分布和数量,因此为了保证控制点的精度,每幅要校正的地形图上的控制点均匀分布,即图幅中心及四角有控制点,实际工作中每幅图选取至少12个控制点,校正精度均小于1个像素(pixl)。几何纠正的模型采用通常的多项式法,重采样方法均采用立方卷积法。

3. 遥感图像几何纠正

以校正的1:10万地形图为参考图像,进行ETM遥感图像校正。

采用控制点二次多项式拟合校正方法加以校正,以经过仿射纠正地形图上选取的点的坐标为真值,对各景图像进行纠正,得到满足地形图几何精度的遥感图像。

点位选在图像的中心点和8个象限上,尽量做到中心和8个象限有点,控制点数量为12~18个,控制点拟合中误差控制在2个像元以内。

重采样选用立方卷积的方法。

初步校正完成的遥感图像,在ERDAS软件中用Swipe工具进行ETM图像校正精度和地形图空间重合度检查,保证遥感图像空间位置的精确性。

4. 遥感图像数字镶嵌

采用几何匹配、亮度匹配等一系列的技术方法进行图像数字镶嵌。用于镶嵌的ETM遥感图像,投影方式与海南全省投影方式一致,即高斯-克吕格投影。

(1)在两景图像的重叠区内选取同名点作为控制点,用曲面拟合的方法消除两景图像间残余的误差。控制点拟合误差在1个像元左右,为了保证拼接时,同名地物对准,最大误差要在2个像元以内,在线性地物处误差控制在1个像元。

(2)数字镶嵌拼接线的选择,要求采用"折线"镶嵌,这是为了消除图像拼接时的"接缝效应",拼接点的选择尽量沿着地物地貌的天然分界。

(3)在两景图像的重叠区内选取子区,进行直方图匹配,这是为了最大限度地降低两景图像的"色差",使得不同时相的两景图像色调趋于一致。

(4)在图像拼接点附近的32个像元的邻近区域内,利用"加权平均值"进行灰度圆滑,以实现拼接点附近的亮度值自然过渡。重采样选用立方卷积的方法。

5. 1:25万标准图幅影像地图制作

由于按经纬度分幅的影像地图,其图廓边是达到以矢长在图上0.1mm(实地25m)为标准求取多边形(1:25万地形图制图规范要求),为了保证制图的有效面积,取曲线图廓的"外接四边形"为影像地图,以保证有效制图面积。

完成图廓整饰和图面整饰。按总项目统一要求,图廓整饰内容包括内图廓、外图廓、坐标注记。图面整饰要求标注图名、图幅接合表、数字比例尺和线段比例尺。

二、SPOT、IKONOS等遥感影像制图

结合典型矿床所在地区地表植被及地面覆盖等方面的因素,在典型矿床遥感影像图的编制过程中,采用的是SPOT-5卫星图像数据中的波段SWIR、B1和B3,并分别赋予红(R)、绿(G)、蓝(B)的波段组合方案,且与全色波(m)组合所产生的假彩色图像应具有较大的信息量,空间分辨率达到2.5m。在此

种光谱波段组合中,基本包括了电磁频谱中的可见光、近红外的光谱波段信息。因此,在最终所获得的图像中呈现自然彩色特征,使地面物体及岩性的识别分析效果最好,最终能对主要地面覆盖类型进行有效区分,基本能满足1∶1万比例尺影像图的需要。

典型矿床所在地区影像采用 IKONOS 多光谱 B3、B2、B1 及近红外波段组合+全色波段赋色合成。在影像镶嵌和纠正过程中,强调采用 DEM 进行正射校正,最大限度地减少地形畸变和图像光谱信息的畸变。

第三节 遥感地质解译与编图

一、遥感地质解译基本原则

总体要求是以地质观察为基础,在此基础上进行补充、完善、延伸和修正;坚持以专业本身的科学理论为依据,避免把特定条件下的推断解释方法泛化为无条件下的推断解释,把推断解释工作简单化,造成违背本学科原理的错误论断;坚持实事求是的科学原则,首先应按照本学科的原理进行地质推断解释,然后再进行跨学科的综合分析,最后进行取舍。

本次遥感解译工作的基本原则是根据遥感找矿五要素,即线、环、块、色、带。主要解译断裂构造及与矿产资源评价有关的环、块、色、带等要素。遥感地质解译的基本内容属于地质学范畴,尤其是地质构造与矿床学内容,全部源于在各种遥感图像上的地质观察、判译和解释的结果。在预测工作区和典型矿床的矿产地质特征解译中,重点识别对成矿具有诊断性意义的线、带、环、块、色五大类遥感地质信息。

"带"要素是指与赋矿地层、岩石相关的地层单元信息。

"环"要素是指与侵入岩、火山岩、构造活动相关的环形信息。

"色"要素是指与各种围岩蚀变相关的色调异常,如色带、色块、色晕等。

"块"要素是指是由几组断裂相互切割、地质体相互挤压和拉裂以及旋钮与剪切等引起的块状地质体。

在遥感影像图上,通过五要素的解译和研究,寻找与矿带和矿化蚀变有关的信息,推断矿化蚀变特性,发现并圈定成矿有利区段(遥感最小预测区要素),为找矿勘探提供线索,预测矿产地。

本次遥感解译编图要求不针对一切地学问题,地质解译的侧重点是:区域地质构造背景;成矿控矿地质条件;与银、钼、锰、萤石、硫铁矿、重晶石6个矿种相关的遥感找矿信息,图面上主要反映与上述成矿有关的地质构造及块、色、带、近矿找矿标志、遥感最小预测区等要素。

二、遥感地质矿产解译编图方法

1. 解译标志的确定

线性、环形构造解译标志的确定主要是依据影像图上的线性特征进行,主要的断裂及环形构造均有较明显的线性特征,具一定宽度的色带、色晕、直线型的地形地貌变化,河流拐点的连线,湖泊、水系的线性排列分布,都是断裂构造的判别标志。区域性韧性变形构造带、节理劈理断裂密集带构造、花岗岩类岩体侵位引发的边缘韧性构造等线性构造则是以密集的微细条纹所显示的影像特征，常与断裂或花岗岩体伴生。

2. 解译技术标准

遥感解译及解译图所使用的图式图例、MapGIS系统库等工作技术标准，依据全国项目办提供的《全国矿产资源潜力评价技术要求丛书·遥感资料应用技术要求》《全国矿产资源潜力评价数据模型·遥感分册》及矿产资源潜力评价统一系统库。

其他标准：

《中华人民共和国行政区划代码》(GB 2260—98)

《区域地质图图例(1∶5万)》(GB 958—89)

《数据源和交换格式 信息交换 日期和时间表示法》(GB/T 7408—2005)

《遥感影像平面图制作规范》(GB/T 15968—1995)

《国土基础信息数据分类代码》(GB/T 13929—92)

《国家基本比例尺地形图分幅编号》(GB/T 13989—92)

《区域地质调查总则(1∶5万)》(DZ/T 0001—91)

《地质图用色标准及用色原则》(DZ/T 0197—1997)

《1∶5万地质图地理底图编绘规范》(DZ/T 0157—95)

《1∶20万地质图地理底图编绘规范及图式》(DZ/T 0160—95)

《区域地质调查中遥感技术规定(1∶5万)》(DZ/T 0151—95)

《地学数字地理底图数据交换格式》(DZ/T 0188—1997)

《地质信息元数据标准》(DD 2006—05)

第四节 遥感异常提取

遥感异常是指从宽波段图像数据(TM或ETM)中量化提取的、与某些矿物质集合体在地表浓集相关的影像。遥感异常也称遥感找矿异常或蚀变遥感异常，一般细分为羟基(泥化)和铁染(铁化)异常两种。二者实际是含羟基或其他类型的基团和含铁或其他某些金属离子的矿物集合体引起异常的通称。

1. 方法选择及工作流程

根据"全国重要矿产资源潜力预测评价"项目之"遥感资料应用技术要求"课题的要求，遥感异常提取对象主要为羟基(泥化)、铁染(铁化)异常。提取技术：使用经改进的克罗斯达技术(面向特征主成分分析)。本次采用123/41、124/41二景ETM数据进行遥感异常提取，羟基(泥化)蚀变信息提取波段：B1、B4、B5、B7；铁染(铁化)蚀变信息提取波段：B1、B3、B4、B5。异常提取与分级：用n倍标准差对PC4(或PC3)分量高端切割，从高到低分为一、二、三级。

本项目采用统一要求的PCI软件进行遥感异常信息提取，以中国国土资源航空物探遥感中心张玉君(2007)教授主编的《遥感异常提取方法技术推广教材》以及"全国矿产资源潜力评价"项目中规定的数据库属性内容为标准，为顺利地完成该试验区遥感异常信息提取以及异常信息数据库的建设提供了有利的基础。遥感异常信息增强和提取处理方法工作流程如图3-2所示。

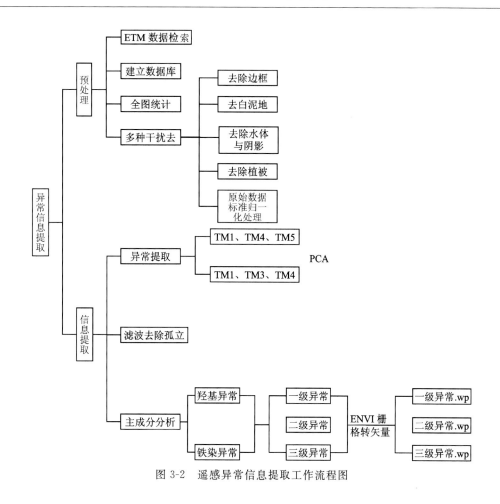

图 3-2　遥感异常信息提取工作流程图

2. 遥感异常分级

遥感铁染异常、羟基异常分为 3 级,分别为一级异常、二级异常、三级异常。一级最强,二级次之,三级最弱,相对应的一级异常图斑最少,二级异常图斑次之,三级异常图斑最多。

海南岛的羟基、铁染异常主要分布于沿海平原区和河谷漫滩地区,本区铁染蚀变分布具有条带状的规律,沿海的第四纪地层上铁染蚀变信息较强,在抱罗地区有较大面积的铁染异常分布,九所—千家一带有整体呈北东向展布的异常。

第五节　遥感数据库建立

遥感数据库建立是对海南省遥感专题工作的成果图,即遥感影像图、遥感羟基异常分布图、遥感铁染异常分布图和遥感矿产地质特征解译图,按照"一图一库"的原则,建立相应数据库。成果图的图式图例严格按照《全国矿产资源潜力评价数据模型》规定的图式图例编制,内容包括图名、比例尺、技术说明、责任表等。

各数据库图层的数据结构及数据采集,按《全国矿产资源潜力评价数据模型》执行。具体建库工作流程按 13 个步骤进行(图 3-3)。

根据全国项目办的要求,海南省遥感专题组依"一图、一库、一说明、一元数据"的原则进行遥感专题数据库的建立,共包括 4 个层面的基本内容,即全省性图件及数据库、1∶25 万国际标准分幅图件及数据库、与矿产预测工作区同比例尺遥感图件及数据库、典型矿床(或典型矿床所在区载)遥感图件及数据库。

所有遥感数据库均依据《全国矿产资源潜力评价数据模型·遥感分册》及全国项目办提供的 GeoMAG 软件对工程名、地图参数、图名、属性结构、下属词代码等进行规范处理,依据数据模型要求对所有属性项进行必要的录入处理,最后均使用 GeoMAG 软件提供的检查功能对图件结构、图层结构、属性结构、属性值域进行检查,对检查出现的重大错误进行及时的修改处理,最终提交的数据库符合项目组的要求。

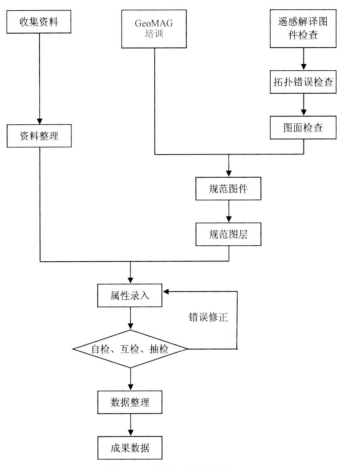

图 3-3　建库工作流程图

第四章　省级遥感地质解译成果研究

第一节　省级遥感矿产地质特征与成矿规律研究

一、遥感影像基本特征

(一)TM影像及其可解程度

省级遥感解译使用的是1:50万TM假彩色图像,由TM3、TM4、TM5三个波段组合而成,图像几何精度高,近似于自然色彩(但各景间色彩差异明显)。自然色彩对于地处热带植被茂盛的海南岛进行以地质遥感为主要目的的解译用图,有些地段就显得色彩单一(绿色),没有层次,纹理不清,对岩性识别难度大,对规模较小的地质体、成矿信息(蚀变带)等仍难以识别,但对较大的线性、环形体(构造)、突变地质界线等可发挥遥感宏观解译作用。

(二)TM影像地质解译标志

1. 岩性影像解译标志

主要对海南岛分布的元古宙、古生代、中生代、新生代的沉积岩、变质岩、混合岩、火山岩、侵入岩等大类岩性进行地质遥感解译(表4-1)。

表4-1　海南岛TM卫星影像地质遥感解译标志简表

岩类	时代	解译标志			主要岩性
		色调	纹理	形态	
沉积岩	Q	浅色调,灰白(砂地),浅棕(砂土)	不显或较单一	带状、片状,边界不规则,地势低平	松散砂土、石英砂
	E+N	浅色调,浅棕		椭圆形盆地,地形平坦	砂土、黏土、亚砂土、页岩
	K	紫红	短羽状	带状、长条形,多直线边界为断层	页岩、砂岩、砂砾岩
	T	浅紫红	短羽状	似椭圆形盆地、地形较平坦	页岩、砂岩、砂砾岩
	Pz_2	暗灰绿	粗隐纹	长条带状,形态大小不一,分布于中低山、丘陵	细碎屑沉积岩、碳酸盐岩

续表 4-1

岩类	时代	解译标志			主要岩性
		色调	纹理	形态	
变质岩	Pz_1	深色调,暗绿	粗隐纹	带状,形态大小不一,分布于中低山、丘陵	变质砂岩、板岩、片岩、千枚岩、石英岩、白云质大理岩
	Pt_3	深色调,棕紫	粗隐纹	近东西向椭圆形、中低山地形	板岩、片岩、石英岩、白云岩、赤铁矿
混合岩	Pt_2	棕红	影纹单一	不规则状,边界不清晰,分布于中低山、丘陵地	混合岩化斜长片麻岩、片岩、混合岩、片麻状花岗岩
火山岩	B_6	暗色调,墨绿,风化后变浅绿	蠕虫状、斑点状	片状、带状、似圆形或椭圆形,环状火山口或火山锥	玄武岩及风化红土
	$\alpha\text{-}\lambda_5^3$	浅绿	羽状、放射状	椭圆形、圆形、环状火山锥	流纹斑岩、英安岩及火山碎屑岩
侵入岩	γ_4	浅色调,棕红	不均匀斑块	复式大岩基,边界不规则	二长花岗岩、钾长花岗岩、花岗闪长岩
	γ_5^1	浅色调,棕红	不均匀斑块	复式岩基,椭圆形或圆形,边界圆滑长条形	钾长花岗岩、二长花岗岩
	γ_5^2	浅色调,棕红	不均匀斑块	带状或长条状、椭圆状,边界圆滑	二长花岗岩、花岗岩
	γ_5^3	浅色调,棕红	不均匀斑块	岩株,带状、长条状、椭圆状,边界圆滑	花岗闪长岩、二长花岗岩、钾长花岗岩

(三)线性、环形影像组合特征

线性、环形影像的组合有单一线性式、线环式和单一环式 3 种组合(表 4-2)。

表 4-2 海南岛主要环形影像解释简表

编号	名称	面积(km²)	影像特征	地质特征	成因推测
1	铺前	44	影像模糊,单环,环内树枝状水系稀疏	环内主要分布第四系,北部有印支期花岗岩分布,中部、南部有古生代地层零星出露	隐伏岩体
2	大致坡	283	影像清晰,同心环,环内水系呈树枝状	西南部为印支期二长花岗岩出露,东北部为第四系分布。已知砂性高岭土矿	岩浆岩岩体
3	昌洒	79	影像模糊,呈单环等圆形,环内色调为绿色,水系呈线状、蛇曲状	地貌平坦,为第四系分布	隐伏岩体
4	金鸡岭	38	影像清晰,环内外色调差异明显,放射状水系不发育	环带外分布下白垩统鹿母湾组砂岩、砂砾岩,环内分布第四纪基性火山岩	基性火山岩、火山机构边界
5	南班	87	影像清晰,呈单环等圆形,环内色调为深绿色,中心为突起的正地形,放射状水系	处于东西向昌江-琼海深大断裂带西端,南北向断裂于环中穿过。海西期岩体与燕山晚期岩体接触部位。白沙县金波钨矿点所在地	岩体接触界线

续表 4-2

编号	名称	面积(km²)	影像特征	地质特征	成因推测
6	戈枕	38	单环,影像形迹模糊	已知抱板金矿、二甲金矿	蚀变构造岩
7	霸王岭	63	单元环块,串珠环,形迹清晰,呈单环等圆形	钾长花岗岩体边缘环	
8	雅加大岭	50	单元环块,串珠环	雅加二长花岗岩体	
9	青松	50	单元环块,环套环	花岗闪长岩,不整合界线	
10	九架	38	单元环块。影像清晰,呈单环等圆形,环内色调为深绿色	花岗闪长岩体,石炭系界线	
11	元门	13	影像清晰,圆形状环,边界清楚,环内细脉状影纹	环带内分布下白垩统鹿母湾组砂岩、砂砾岩	陨石造成的坳陷
12	黄岭	114	多圈环带,同心环。影像清晰,环内色调为深绿色,中心为突起的正地形	钾长花岗岩,断裂构造环	
13	大田	154	多圈环带,同心环	大田二长花岗岩体边缘	
14	王下	41	影像清晰,为长轴呈南北向展布的椭圆形,西南角与一小环相接,环中影纹呈条带状,水系细而长,呈树枝状	环的北部出露印支期钾长花岗岩,中部出露下二叠统峨查组、鹅顶组板岩和灰岩,南部出露上石炭统青天峡组砂岩、板岩。南北向断裂与东西向断裂交会处。王下金矿点、明旺铜矿点及牙劳铅锌矿点所在地	断裂构造
15	鹦哥岭	133	单元环块,串珠环。影像东部清晰,西部模糊,呈圆形状环,环内草绿色均匀,细脉状影纹,线状水系	环带内大部分分布下白垩统鹿母湾组砂岩、砂砾岩,东北角出露印支期二长花岗岩。已知什统萤石矿	岩浆岩岩体,断裂构造
16	不磨	24	影像清晰,圆形状单环,半弧状山体明显,水系不发育,多呈线状	环内出露长城系抱板群黑云斜长片麻岩、二云母片岩及中元古代花岗岩。发育有北东向及东西向断裂。不磨金矿床及公爱金矿点所在地	长城系抱板群,断裂构造
17	陀烈	50	多圈环带,同心环	二长花岗岩体、志留系、构造环	
18	猴狝岭	64	影像清晰,圆形状环,有一小环叠加,中心为山脊,具放射性水系,条带状影纹	西北部出露下志留统陀烈组千枚岩、板岩,东南部出露下白垩统鹿母湾组砂岩、砂砾岩	断裂构造
19	佳西村	95	单元环块,单环	白垩系与奥陶系不整合界线	
20	马形岭	50	单元环块,环套环	花岗岩、长城系抱板群,断裂构造环	
21	踏器岭	160	大型环套环	长城系抱板群、花岗岩体、二长花岗岩体	
22	尖峰岭	177	单元环块,单环	尖峰岭钾长花岗岩体,已知抱伦金矿分布在外接触带	

续表 4-2

编号	名称	面积(km²)	影像特征	地质特征	成因推测
23	小妹水库	177	深色单元环块,单环色块。影像清晰,环内色调为墨绿色,树枝状水系	处于东西向尖峰-吊罗深大断裂带上,环内出露燕山晚期吊罗岩体钾长花岗岩	断裂及岩浆岩体穹隆
24	石门山	214	多圈环带,同心环。影像清晰,外环为椭圆状,长轴呈北西向,内有5个圆形小环,水系不发育	环中出露燕山晚期千家岩体,北北西向及南北向断裂发育,石门山钼、铅锌矿床,看树岭银矿床及后万岭铅锌矿床所在地	千家岩体的不同单元
25	南好	132	多圈环带,同心环	变质晕圈,多金属矿呈环状分布。已知南好铜、铅、锌矿	
26	牛腊岭	50	单元环块,单环	中酸性火山岩火山锥	
27	三才	95	影像清晰,等圆形环中叠有小环,环中色调绿色,粉红色,短而粗的树枝状水系	处于东西向九所-陵水深大断裂带东端上,环内西部出露燕山晚期保城岩体花岗闪长岩,东部分布第四系	岩浆岩岩体
28	南林	102	影像清晰,等圆形环中叠有小环,内有环状山,水系不发育,呈分支状	处于海西期二长花岗岩、花岗闪长岩与同安岭火山岩接触部位	中酸性火山岩边界
29	高峰	16	影像清晰,呈等圆形单环,环中心为一北东向的山背,具放射状水系	处于燕山期二长花岗岩与同安岭火山岩接触部位。汤他大岭磁铁矿点所在地	中酸性火山岩、火山机构边界

1. 单一线性式组合

从解译的线性体(或断裂构造)的分布特征,其组合形式有两组线性体(或两组断裂)组合构成的方格式和菱式、三组线性体(或断裂构造)组合构成的三角式构造模式。如由东西向王五-文教断裂带和昌江-琼海断裂带与南北向分布的一些断裂带组合构成的一些方格式构造;由北东向戈枕断裂带和乐东-黎母山断裂带与北西向光雅-元门断裂带和乐东-公爱断裂组合构成的菱环式构造;由乐东-黎母山断裂的西南段(乐东至乐罗一带)、琼中南北向断裂带的南段(五指市毛阳至三亚市荔枝沟一带)、九所-陵水断裂的西段3组断裂带组合构成的三角式构造。

2. 线环式组合

这类组合是由多组不同方向的线性体和同心环形体组合在一起,线性体的交会点以环形体为中心向周围辐射组合构成的环放式构造模式。如琼中县和平(踏器岭)环放式影像,不同方向的线性体以踏器岭环形体为中心向四周辐射组合构成;大致呈坡环放式影像,由多组线性体和环形体组合构成。

3. 单一环式组合

此类型组合见表 4-2 中的单元环块类型。

(四)线性、环形影像组合特征与矿产分布的关系

在上述由线性和环形影像组合构成的菱环式、三角式、方格式、环放式等影像组合中,分布有金、银、铜、铅、锌等矿产,表明这些影像(构造)组合对矿产分布有明显的控制作用。如分布在二甲—雅加大岭—鹦哥岭一带的菱环式影像(构造)组合中,金、铅锌、萤石等矿产,多数沿着环形体与线性体(断裂构造)的交切部位分布。二甲金矿和不磨金矿分别分布在环形 6 和环形 13 与戈枕断裂带(4604636)的交切部位上;什统萤石矿分布在环形 15 与乐东-黎母山断裂带的交切部位上;抱伦金矿分布在环形 22 与南北向抱伦断裂带(4607643)和北北西向毫岗岭断裂带交切部位上;南好铜、铅、锌矿等多金属矿沿环形 8 呈环状分布;南改金矿产出于环形 25 边部(图 4-1)。

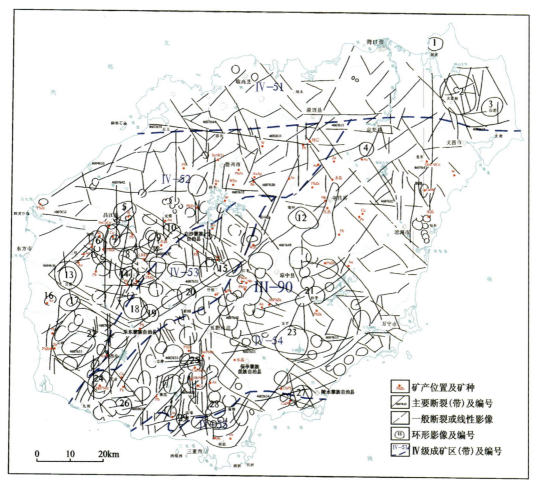

图 4-1 海南岛Ⅳ级成矿带构造遥感解译图

二、遥感找矿模型

综合分析遥感线、环要素组合与矿产分布的关系,利用遥感矿产地质特征解译,结合已知的矿产地及物化探信息,可建立初步的遥感预测找矿模型:在遥感预测中,不同方向的线性构造交会点,线、环构造的交会点及两组不同方向的线性构造与环形构造的交会点上,都是扩大找矿线索的有利地段。在本次工作所划定的遥感最小预测区上,这一特征表现得更为明显。各类构造的交会点应是找寻新的矿产

地的重点地区,配合其他手段进行成矿预测工作,为今后开展此类工作提供了有益的尝试并积累了相关的经验。但仍存在一些局限,特别是色要素、带要素的解译和应用,而对于海南省的沉积矿产,带要素、色要素均不明显。所以,本次预测中以线、环要素组合较多,有待今后工作中进一步研究。

第二节 成矿区(带)遥感地质解译成果研究

据收集到的有关资料,海南岛被划归二级武夷-云开-台湾造山系(华南地槽褶皱系)金、银、铝、锌、铜、锑、铝土、锡、稀土成矿区中Ⅲ级成矿带,称为Ⅲ-90海南铁、铜、钴、钼、金、铅、锌水晶成矿带(Pt、Pz、Mz、Kz)。Ⅳ级成矿带是受同一成矿作用控制和几个主导控矿因素控制的矿田分布区,展示了矿化富集区的成矿作用特征。它们的范围与三级构造单元基本一致,海南岛共划出Ⅳ级成矿带5个(图4-2)。

图4-2 海南岛Ⅳ级成矿带遥感影像图

在充分收集、分析各成矿带地质矿产等资料的基础上,通过以ETM遥感影像图为主要数据源,并以SPOT、RapidEye、QuickBird等高分辨率遥感数据为辅助,采用人工交互解译、目视解译等技术方法,提取线、环、色、带、块等遥感近矿找矿标志遥感要素。利用ETM数据的B1、B4、B5、B7四个波段进行主成分分析,提取了羟基异常;利用ETM数据的B1、B3、B4、B5四个波段进行主成分分析,提取了铁染异常。各成矿带遥感地质特征见图4-3。

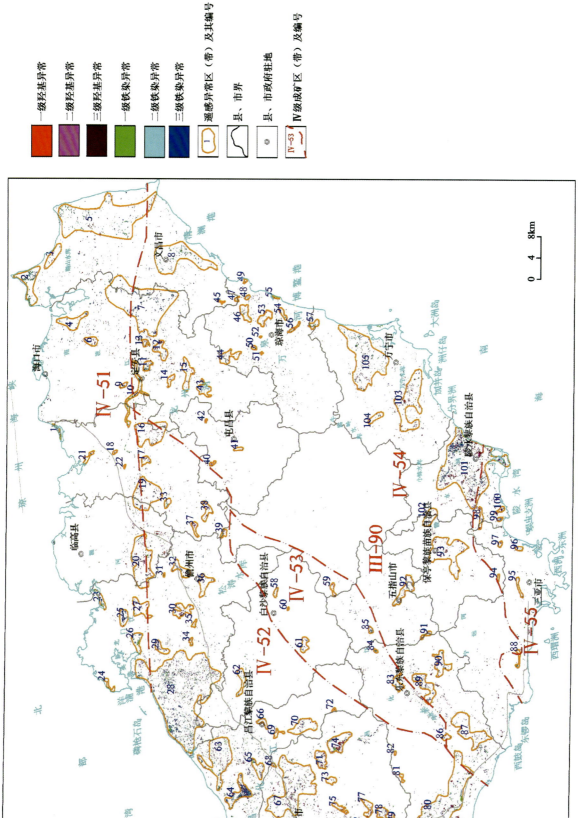

图 4-3 海南岛 Ⅳ 级成矿带遥感异常信息图

一、雷琼裂谷石油、天然气、褐煤、油页岩、高岭土成矿亚带（Kz）（Ⅳ-51）

本成矿亚带位于海南岛北部，王五-文教东西向大断裂的北侧，呈东西向带状，长约193km，宽19～48km，面积6036km²。带内约50％面积为第四纪琼北基性火山岩，岩石组合以玄武岩为主，次为火山碎屑岩、沉凝灰岩，其余面积基本为第四纪松散沉积物，矿带东端有少量印支期二长花岗岩。矿带已知矿产有石油、天然气、褐煤、油页岩、沸石、膨润土等矿产，主要矿产地有海口金凤、福山凹陷的花场及美盈3个小型油气田，长坡大型褐煤、油页岩矿床，及金牛岭沸石、膨润土矿床。矿带东、西两端海岸带还有钛铁矿、锆英石、石英砂等大型砂矿床。

1.区域地质构造遥感特征

该矿带地表切割较弱，起伏和缓，地质构造遥感特征表现比较隐晦。矿带内共解译出线要素97条，环形构造51个。带要素为第四纪琼北基性火山岩，其遥感特征为较深的色调和连续的细斑纹，组成一长60多千米的影纹带，与上、下区别明显。矿带中遥感色、块要素特征不明显（图4-3）。

矿带内共解译出大型构造1条，该王五-文教断裂带贯穿于矿带南部，由一系列走向东西向断裂组成，该断裂带东段和中段在遥感影像上形迹较清晰，多呈连续的带状沟谷，断裂带西段遥感特征不明显。

矿带内共解译出中小型构造90余条，主要分布于矿带中部和东部，中部地区的中小型构造走向以东西向和北东向为主；东部地区的中小型构造基本都有分布，构造走向以北东向为主。

矿带中遥感环要素比较发育，共解译出环形构造50余处，其成因为构造穹隆或构造盆地、火山口、火山机构或通道等。环形构造在空间分布上有明显的规律：西部与东部分布较少，大部分环形构造集中在中东部地区，该区火山口发育较为密集，主要发育于第四系道堂组和石山组等地层中。根据遥感解译所反映的环形影像，结合地质资料，对这些环形构造影像进行分类、解释如下。

（1）构造穹隆或构造盆地：这类环形影像共解译出3个，位于文昌市东部地区，如铺前、昌洒、抱罗等环形影像。这些环形影像都呈圆环状或椭圆状，边界清楚，环内细脉状影纹，色调较明显，分布中生代岩体。

（2）火山口：这类环形影像较发育，为火山构造反映的环形影像，色调一般较暗，个体均为小圆环，共解译出51个环，主要分布在老城镇至龙泉镇一带。

（3）火山机构或通道：在成矿带内仅解译出2处，分布在临高县博厚和海口市新坡地区。

2.遥感异常特征

该矿带内共提取出遥感羟基异常图斑共有4054个，其中一级异常449个，二级异常1114个，三级异常2491个。遥感铁染异常图斑共有6951个，其中一级异常669个，二级异常2341个，三级异常3941个。根据异常集中分布程度、所处的地质构造环境等，共圈定出6处羟基异常带，10处铁染异常带，4处羟基-铁染异常组合带。

该矿带遥感异常反映明显，呈东西向带状分布，主要分布于第四系道堂组、八所组、北海组中。矿带受地表植被、水系等因素的干扰，遥感异常大多为无指示意义的异常，与已知矿点套合度不高，矿带中矿产资源分布与异常无明显的相关性。

二、琼西岩浆弧铁、钴(铜)、金、轻稀土、石墨、白云母、水晶、多金属成矿亚带(Pt、Pz、Mz、Kz)(Ⅳ-52)

该成矿亚带位于海南岛西部,属五指山褶冲带西部的儋州市至抱板一带琼西岩浆弧(抱板隆起带),呈北东向带状,长约190km,宽15～89km,面积8450km²。成矿区内海西期—印支期儋县花岗岩体和印支期帮溪二长花岗岩体大面积分布,奥陶系南碧沟组和下志留统陀烈组呈孤岛状分布于花岗岩中,西北部有白垩系鹿母湾组。石碌—抱板—二甲一带,以中元古界抱板群为主,分布有印支期大田二长花岗岩体,奥陶系南碧沟组和志留系陀烈组呈断层接触,局部还见有少量的燕山早期花岗岩。断裂构造发育,还有北东向戈枕韧性剪切带,是金矿的主要导矿和容矿构造,二甲-不磨金矿田受戈枕韧性剪切带控制。石碌地区以新元古界青白口系石碌群为主,次为震旦系石灰顶组,东部有少量石炭纪和二叠纪地层,周边为海西期二长花岗岩,局部为印支期二长花岗岩及燕山晚期钾长花岗岩。区内还分布有雅加、尖峰岭两个钾长花岗岩体以及广坝花岗闪长岩体,其次为海西期二长花岗岩、石英闪长岩、花岗闪长岩、辉长岩以及燕山早期钾长花岗岩。

1. 区域地质构造遥感特征

从影像特征上看,该矿带线性、环形构造较为发育,共解译出线要素298条,环形构造18个。矿带中遥感色、块、带要素特征不显(图4-3)。

该矿带内共解译出大型构造3条:王五-文教断裂带贯穿于矿带北侧,遥感影像上为一系列东西向断裂构成的带状低洼地貌,第四纪沉积物呈带状分布,形成东西向带状平原,特别是王五—定安一段尤为明显;昌江-琼海构造带横穿矿带中部,沿断裂带展布着一系列东西向山脉和河流,在遥感影像上反映出东西向线要素断续出现,尤以中段的儋州兰洋等段线性影像比较清晰。沿断裂分布着中生代东西向的昌化江盆地、白沙盆地、石壁盆地等;尖峰-吊罗断裂横贯矿带南部,遥感线要素非常发育,特别是西段的尖峰岩体中,构成等轴形组合构造影像。

中小型构造主要分布于矿带的中部和南部,其中中型构造8条,小型构造270多条,断层主要发育于二叠纪、三叠纪和奥陶纪等地层中。中型构造主要为北东走向,断层线清晰;小型构造主要为北东和北西西走向,尤其在南部的尖峰地区发育比较密集,影像中有较明显直线状纹理。

环形构造主要发育于矿带中部和南部的二叠纪、三叠纪和奥陶纪等地层中。根据遥感解译所反映的环形影像,结合地质资料,对这些环形构造影像进行分类、解释如下。

(1)构造穹隆或构造盆地:这类环形构造共解译出3个。这些环形构造都呈圆环状或椭圆状,边界清楚,环内细脉状影纹,色调较明显,如南班环形构造等。

(2)中生代花岗岩类引起的环形构造:这类环形影像色调一般较暗,个体均为小圆环,共解译出7个,主要有猴狝岭环形、王下环形、不磨环形等构造。

(3)与浅层、超浅层次火山岩体引起的环形构造:共解译出8个,这类环形影像色调一般较暗,个体均为小圆环。

2. 遥感异常特征

该矿带内提取出遥感羟基异常图斑共有20 061个,其中一级异常2620个,二级异常6486个,三级异常10 955个。遥感铁染异常图斑共有14 477个,其中一级异常1675个,二级异常4596个,三级异常8206个。根据异常集中分布程度、所处的地质构造环境等,共圈定出25处羟基异常带,4处铁染异常带,8处羟基-铁染异常组合带。

该矿带遥感异常主要分布于第四系更新统北海组,二叠纪、三叠纪花岗岩和奥陶系南碧沟组中。该矿带受地表植被、水系等因素的干扰,空间分布无明显规律性,与已知矿点套合程度不高,大多为无指示意义的异常。矿带矿产资源分布与异常无明显的相关性。

三、白沙弧盆地萤石、铅、金矿田(Pz、Mz)(Ⅳ-53)

该矿田位于海南岛中偏西部,主体部分为白垩纪康马盆地、潭爷盆地、南门营盆地及南坤园向斜分布区,呈北东向带状,长约170km,宽5～31km,面积3209km²。矿田南西段为白垩纪康马盆地、潭爷盆地、南门营盆地,沉积物有下白垩统鹿母湾组紫红色粗碎屑岩夹中酸性火山岩,上白垩统报万组长石砂岩、泥岩;北东段为石炭纪地层分布区,有下石炭统南好组砂岩、板岩、砾岩,上石炭统青天峡组板岩、砂岩夹结晶灰岩。元门地区有小面积分布的下二叠统峨查组石英砂岩、板岩、硅质岩和鹅顶组灰岩。

矿田内沿南丰—白沙段南北向断裂带和向斜分布有两个金地球化学省,南西部白垩纪盆地属铅、铀地球化学省分布区之一。矿化主要有金、银、铅、锌、钨、锡、萤石等,主要矿产地有小型矿床5处(金银、砂金、铅锌、钨锡、萤石)以及金、铜、铅锌等矿点或矿化点。

1. 区域地质构造遥感特征

该矿带遥感线性、环形要素形迹清晰,分布密集。区内共解译出线要素173条,环形构造12个。矿带中遥感色、块、带要素特征不显(图4-3)。

矿带内共解译出大型构造1条,即尖峰-吊罗断裂,在矿带南部呈东西向展布,影像中有较明显的直线状纹理,直线状水系分布,负地形,沿沟谷、凹地延伸。线性构造两侧地层体较复杂。

本矿带共解译出中小型构造170多条,其中中型构造8条,主要为北东走向,断层主要发育于白垩系鹿母湾组、报万组等地层中,断层线清晰;小型构造主要分布于矿带中部和南部。中部地区构造走向以南北向为主,主要发育于白垩系鹿母湾组中;南部地区的小型构造主要发育于尖峰岩体边部,以北东走向为主,影像中有较明显的直线状纹理。

环状构造主要发育于矿带的中部和南部,分布在白垩系鹿母湾组、报万组等地层中(图4-3)。根据遥感解译所反映的环形影像,结合地质资料,对这些环形构造影像进行分类、解释如下。

(1)构造穹隆或构造盆地:这类环形影像在该成矿带内只解译出1个:元门环形构造,该环形影像呈圆环状,边界清楚,环内细脉状影纹,色调较明显。

(2)中生代花岗岩类引起的环形构造:这类环形影像色调一般较暗,个体均为小圆环,共解译出3个环,主要有猴猕岭、鹦哥岭等环形构造。

(3)由浅层、超浅层次火山岩体引起的环形构造:共解译出8个,这类环形影像色调一般较暗。

2. 遥感异常特征

本矿带内提取出遥感羟基异常图斑共有1113个,其中一级异常143个,二级异常359个,三级异常611个;遥感铁染异常图斑共有598个,其中一级异常49个,二级异常167个,三级异常382个。根据异常集中分布程度、所处的地质构造环境等,共圈定出7处羟基异常带,1处铁染异常带。

该矿带遥感异常主要分布于矿带中部和北部的白垩纪和晚三叠世地层中。该矿带受地表植被等因素的干扰,遥感异常反映不明显,分布零散,大多为无指示意义的异常。矿带矿产资源分布与异常无明显的相关性。

四、琼东陆内盆地铁、铅(钴)、钼、多金属成矿亚带(Pz、Mz、Kz)(Ⅳ-54)

该成矿亚带位于海南岛东部地区,北东向展布,长约191km,宽68~83km,面积14 381km²。成矿亚带东北部的长昌—蓬莱一带大部分为新近纪玄武岩(蓬莱基性火山岩)所覆盖。成矿亚带西北部的屯昌—雷鸣一带,主要为白垩纪雷鸣盆地,其次为印支期二长花岗岩(琼中岩体),其中有许多大小不等的燕山期花岗岩类岩体侵入。燕山晚期花岗岩类与钨、钼、锡、铅、锌、水晶等矿化较为密切。该地区矿产地主要有巨型水晶矿床1处,金、铀、钨、铅、砂锡矿等小型矿床6处。成矿亚带中东部的五指山—和平—阳江—翰林—烟扩地区,翰林—烟扩区段和西南面五指山区段主要是古老基底中元古界抱板群出露区。区内还有印支期二长花岗岩、燕山期花岗岩、花岗闪长岩、花岗斑岩及第四纪玄武岩。五指山区段以海西期二长花岗岩(乐来岩体)为主,次为印支期钾长花岗岩(阜堡笔岩体)、石英正长岩、二长花岗岩(禄马岩体)及燕山期闪长岩和辉长岩(南流岗岩体),以及少量燕山早期花岗岩(什运岩体),还有五指山酸性火山岩(硫纹斑岩、英安斑岩)。阳江盆地东南面有下志留统陀烈组千枚岩,石炭系南好组和青天峡组砂岩、板岩、结晶灰岩及砾岩小面积分布。区内矿化主要有石墨、铜、钼、金、萤石、铅、锌等,已探明中型石墨矿床1处,小型(铜、钼、石墨、风化壳型轻稀土)矿床3处。成矿亚带南部的千家—南好—保城—陵水一带,除了中部北东向南好断陷有志留纪和石炭纪地层分布外,其余地区全为花岗岩类侵入岩和少量白垩纪中酸性火山岩。侵入岩有海西期二长花岗岩(志仲岩体、乐东岩体南半部),印支期二长花岗岩(毛拉岩体)。燕山晚期花岗岩岩浆沿东西向尖峰-吊罗和九所-陵水两条大断裂侵入,形成东西向分布、长轴东西向的花岗岩体,构成海南岛南部东西向构造-岩浆带,主要有千家二长花岗岩、保城花岗闪长岩和吊罗钾长花岗岩三大岩体。火山岩属同安岭火岩带的一部分,主要岩性为流纹岩、流纹斑岩、英安岩、英安斑岩及玄武岩。南好断陷南东侧有印支期毛拉二长花岗岩体和燕山期花岗闪长岩体,此外,燕山晚期花岗斑岩、石英斑岩及斜长花岗斑岩等脉岩较为发育,且与金属矿化关系较为密切。区内已知矿床点主要有中型钼矿床1处,小型矿床12处,其中铅锌矿4处,铜矿1处,铁矿2处,水晶矿4处,砂质高岭土1处。还有金、多金属矿点或矿化点。

1. 区域地质构造遥感特征

该成矿亚带遥感线要素、环要素较为发育,色、块、带要素特征不明显。矿带中共解译出线要素449条,环形构造81个。

矿带中共解译出大型构造3条:王五-文教断裂带东段贯穿于矿带北侧,遥感影像上为一系列东西向断裂构成的带状低洼地貌,第四纪沉积物呈带状分布,形成东西向带状平原;昌江-琼海构造带东段横穿矿带中部,沿断裂带展布着一系列东西向山脉和河流,在遥感影像上反映出东西向线性构造断续出现,形迹较为隐晦;尖峰-吊罗断裂东段横贯矿带南部,遥感线性要素非常发育。

该矿带中小型构造主要分布于矿带中部和南部,其中中型构造11条,小型构造430多条,断层主要发育于二叠纪、三叠纪和白垩纪等地层中。构造走向以北东向为主,南北向次之,影像中有较明显的直线状纹理,断层线清晰。

遥感环形构造主要分布于矿带的中部和南部的二叠纪、三叠纪和白垩纪等地层中。根据遥感解译所反映环形影像,结合地质资料,对这些环形构造影像进行分类、解释如下。

(1)火山口环:此类环形影像较发育,为火山构造所反映的环形影像,色调一般较暗,个体均为小圆环,共解译出28个环,在矿带南部的崖城—千家镇一带呈东西向带状分布。

(2)中生代花岗岩类引起的环形构造:这类环形影像色调一般较暗,共解译出31个环,主要有三才环形构造、高峰环形构造等。

(3)构造穹隆或构造盆地:这类环形影像在该成矿亚带内共解译出6个环形构造,该环形构造都呈圆环状,边界清楚,环内细脉状影纹,色调较明显,如金鸡岭环形影像、石门山环形构造等。

(4)浅层、超浅层次火山岩体引起的环形构造:这类环形影像色调一般较暗,个体均为小圆环,共解译出5个。

(5)断裂构造圈闭的环形构造:此类环形构造共解译出1个。

2. 遥感异常特征

该成矿亚带内提取出遥感羟基异常图斑共有16 008个,其中一级异常2168个,二级异常5026个,三级异常8814个;遥感铁染异常图斑共有12 452个,其中一级异常1329个,二级异常3782个,三级异常7341个。根据异常集中分布程度、所处的地质构造环境等,共圈定出22处羟基异常带,13处铁染异常带,2处羟基铁-染异常组合带。

该矿带遥感异常主要分布于矿带的北部和南部以及东部沿海地区,散布在第四系北海组、二叠纪花岗岩、下白垩统鹿母湾组等地层或岩体中。该矿带受地表植被、水系等因素的干扰,遥感异常反映不明显,大多为无指示意义的异常。矿带中矿产资源分布与异常无明显的相关性。

五、三亚地体铁、磷、锰多金属矿田(Pz、Mz)(Ⅳ-55)

该矿田位于海南岛最南端的三亚地区,九所-陵水大断裂南侧,呈东西长条状,长约115km,宽6~33km,面积1827km²。在矿田西半段,主要由同安岭和牛腊岭两个火山盆地组成,其间被燕山早期罗蓬二长花岗岩体及海西期花岗闪长岩所分隔,同安岭火山盆地中还有燕山晚期税町花岗闪长岩体和花岗岩、花岗斑岩等小岩体分布。火山岩属早白垩世中酸性火山岩。区内主要矿化有金、银、铜、铁、铅、锌等,目前尚未发现矿床,主要为金(银)、铜、铁、铅、锌等矿点或矿化点。矿田东半段,主要出露寒武系和奥陶系,沿轴向北东向的三道-晴坡岭-荔枝沟倒转复式向斜构造展布,因遭受海西期、印支期和燕山期花岗岩侵入破坏显得支离破碎。下寒武统孟月岭为一套细碎屑岩,夹黏土岩、灰岩;中寒武统大茅组为含磷、锰层位,中、下部为中细粒石英砂岩、粉砂质页岩、白云岩或白云质灰岩,上部为灰岩、白云岩、硅质岩夹硅质页岩、磷块岩及锰矿层。下奥陶统为灰岩、钙质砾灰岩、砂岩夹页岩;中奥陶统为岩屑砂岩、砾岩、粉砂岩、碳质页岩、粉砂质页岩;上奥陶统为粉砂质黏土岩、粉细砂岩、砾岩。地层周围全为印支期和燕山期二长花岗岩,其中燕山晚期北山二长花岗岩体面积最大,燕山晚期花岗斑岩较为发育,常呈小岩体或岩脉产出。花岗斑岩与铁、铅、锌矿化较为密切,花岗斑岩与地层接触带上常有铁、锡、铅锌矿化,形成矽卡岩型矿床。田独中型富铁矿即产于花岗斑岩与大茅组白云质灰岩接触带上。区内主要有铁、磷、锰、锡、铅、锌等矿化,已探明中型矿床2处(田独富铁矿床、大茅磷锰矿床),锡多金属、锌矿点2处。

1. 区域地质构造遥感特征

该矿带遥感线性、环形构造较为发育,共解译出线性构造34条,环形构造8个。矿带中遥感色、块、带要素特征不明显(图4-3)。

矿带内共解译出大型构造1条,即九所-陵水断裂带,该断裂带在矿带南部呈东西向展布,影像中有较明显的直线状纹理,显示明显的断续东西向延伸特点,线性构造两侧地层体较复杂且经过多套地层。

本矿田共解译出中小型构造30多条,主要分布于白垩纪花岗岩、侏罗纪花岗岩,以及第四系烟墩组、八所组等地层或岩体中。其中中型构造3条,主要呈北西走向,断层线清晰;小型构造以南北向为主,影像中有较明显的直线状纹理。

该矿带中的环形构造主要发育于中部地区,呈北西向展布。根据遥感解译所反映的环形影像,结合地质资料,对这些环形构造影像进行分类、解释如下。

(1)中生代花岗岩类引起的环形构造:这类环形构造影像色调一般较暗,个体均为小圆环,此类环共解译出 7 个。

（2）断裂构造圈闭的环形构造：此类环只解译出 1 个，即南林环形构造。环状地貌的圈闭特征显著，纹理走向清晰。

2. 遥感异常特征

该矿田内提取出遥感羟基异常图斑共有 2238 个，其中一级异常 253 个，二级异常 735 个，三级异常 1250 个；遥感铁染异常图斑共有 1881 个，其中一级异常 176 个，二级异常 591 个，三级异常 1114 个。根据异常集中分布程度、所处的地质构造环境等，共圈定出 7 处羟基异常带，1 处铁染异常带，1 处羟基-铁染异常组合带。

该矿带遥感异常主要分布于沿海的第四系烟墩组、八所组，以及白垩纪、侏罗纪花岗岩中。矿田受地表植被等因素的干扰强度大，遥感异常反映不明显，大多为无指示意义的异常（伪异常），异常空间分布无明显规律性。该矿田矿产资源分布与异常无明显的相关性。

第五章　省级遥感资料矿产资源潜力预测与评价

按照全国项目办的要求,海南省本次预测的矿种主要为铁、铝、金、铜、铅锌、钨、磷、稀土、银、钼、锰、萤石、硫铁矿、重晶石14个矿种,31个典型矿床(表5-1),其中铁矿典型矿床3处,铝土矿典型矿床1处,金矿典型矿床3处,铜矿典型矿床2处,铅锌矿典型矿床1处,钨矿典型矿床2处,磷矿典型矿床1处,稀土矿典型矿床1处,银矿典型矿床3处,钼矿典型矿床7处,锰矿典型矿床1处,萤石矿典型矿床1处,硫铁矿典型矿床2处,重晶石矿典型矿床3处(图5-1)。

表 5-1　海南省典型矿床一览表

矿种	典型矿床	矿产预测类型
银矿	石碌铁铜钴(银)多金属矿	石碌式沉积变质型银矿
	富文金银矿	富文式脉型银矿
	南报银矿	南报式脉型银矿
钼矿	尖峰红门钼钨矿	园珠顶式斑岩型钼矿
	高通岭钼矿	白石嶂式脉型钼矿
	石门山钼矿	园珠顶式斑岩型钼矿
	报告村钼矿	园珠顶式斑岩型钼矿
	梅岭铜钼矿	园珠顶式斑岩型钼矿
	罗葵洞钼矿	罗葵洞式火山岩型钼矿
	陵水龙门钼矿	白石嶂式脉型钼矿
锰矿	大茅磷锰矿	大茅式沉积型磷锰矿
萤石矿	什统萤石矿	什统式热液充填型萤石矿
硫铁矿	情安岭硫铁矿	巷子口式矽卡岩型硫铁矿
	石碌硫铁矿	石碌式沉积变质型硫铁矿
重晶石矿	冰岭重晶石矿	冰岭式风化壳型重晶石矿
	保由重晶石矿	谭子山热液脉型重晶石矿
	石碌重晶石矿	石碌式沉积变质型重晶石矿
金矿	东方二甲矿	二甲构造破碎蚀变岩型金矿
	乐东抱伦金矿	抱伦热液型金矿
	定安富文金矿	定安富文石英脉型金矿

续表 5-1

矿种	典型矿床	矿产预测类型
铜矿	石碌铜矿	石碌沉积变质型铁铜矿
	岭曲铜矿	岭曲陆相火山岩浆热液型铜矿
铅锌矿	后万岭铅锌矿	后万岭热液型铅锌矿
钨矿	乐东尖峰红门钨锡矿	尖峰红门中高温型热液钨矿
	儋州市兰洋钨锡	儋州兰洋矽卡岩型钨矿
磷锰矿	大茅锰矿	三亚大茅浅变质型磷矿
稀土矿	昌江霸王岭离子吸附型稀土矿	昌江霸王岭离子吸附型稀土矿
铁矿	石碌铁矿	石碌沉积变质型铁矿
	红石铁矿	红石矽卡岩型铁矿
	田独铁矿	田独矽卡岩型铁矿
铝土矿	文昌蓬莱铝土矿、钴土矿	文昌蓬莱三水型铝土矿

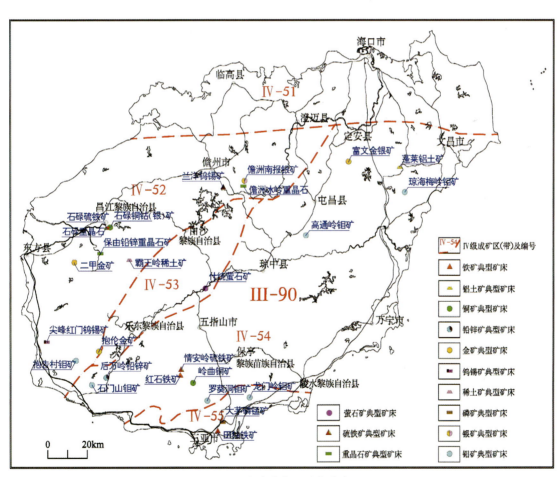

图 5-1 海南省典型矿床分布图

根据本省预测的矿种主要为铁、铝、金、铜、铅锌、钨、磷、稀土、银、钼、锰、萤石、硫铁矿、重晶石 14 个矿种，划分了 28 个预测工作区（表 5-2），预测工作区分布详见图 5-2。

表 5-2 海南省预测工作区一览表

序号	预测工作区	矿种
1	昌江石碌预测工作区	铁矿
2	振海山-红石预测工作区	
3	三亚田独预测工作区	
4	琼北蓬莱预测工作区	铝土矿
5	同安岭-牛腊岭火山岩盆地预测工作区	铜矿
6	石碌预测工作区	
7	海南岩浆弧预测工作区	铅锌矿
8	琼西戈枕预测工作区	金矿
9	琼西红岭-尖峰预测工作区	
10	雷鸣盆地预测工作区	
11	尖峰预测工作区	钨矿
12	儋州市兰洋预测工作区	
13	三亚大茅预测工作区	磷锰矿
14	海南岩浆弧预测工作区	稀土矿
15	海南岛预测工作区	银矿
16	昌江石碌预测工作区	
17	雷鸣盆地预测工作区	
18	海南岛预测工作区	钼矿
19	乐东尖峰-千家预测工作区	
20	琼海烟塘-塔洋预测工作区	
21	同安岭-牛腊岭预测工作区	
22	三亚大茅预测工作区	锰矿
23	海南岛预测工作区	萤石矿
24	保亭振海山-三亚红石预测工作区	硫铁矿
25	昌江石碌预测工作区	
26	儋州冰岭预测工作区	重晶石矿
27	昌江石碌预测工作区	
28	昌江保由预测工作区	

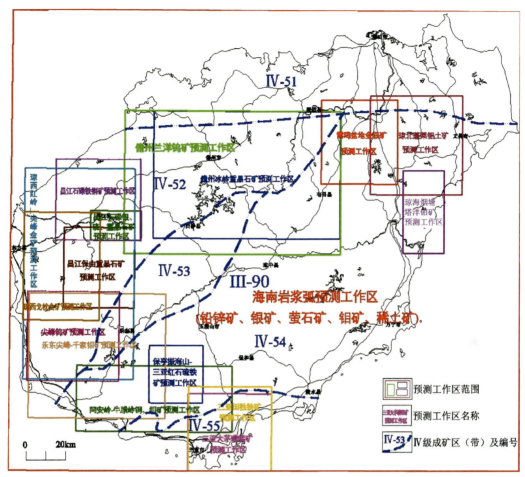

图 5-2 海南省预测工作区分布图

第一节 银矿预测遥感资料应用成果研究

海南省的银矿主要分布在岛西部、岛西北部和岛东北部，按成因类型主要分为两大类：沉积变质型银矿、岩浆热液型银矿。海南省成矿预测组划分的银矿预测类型及预测方法见表 5-3。

表 5-3 海南省银矿预测类型一览表

矿床预测类型	基底建造	矿种	典型矿床	构造分区名称	成矿构造时段	分布范围	预测方法类型
南报式热液脉型银矿	二叠纪—白垩纪侵入岩	银	南报金银矿	五指山褶冲带（Ⅲ）	海西期—印支期	全岛	侵入岩型
石碌式沉积变质型银矿	中元古界抱板群	铁、铜、钴、镍、硫铁矿（共生银矿）	石碌铁铜钴多金属矿	琼西岩浆弧（Ⅳ）	晋宁期—震旦纪	石碌铁矿区及外围	变质型
富文式热液充填脉型金银矿	中元古界抱板群	金、银	定安富文银金矿	琼东陆内盆地（Ⅳ）	燕山期	富文金银矿区及外围	复合内生型

一、银矿预测工作区遥感地质特征解译分析

根据不同类型银矿床的分布情况,将全岛划分为海南岛预测工作区、雷鸣盆地预测工作区和昌江石碌预测工作区(图5-3)。各银矿预测工作区遥感地质特征分述如下。

图5-3　海南岛银矿预测工作区范围及遥感影像图

(一)海南岛预测工作区

1. 地质构造背景

海南岛预测工作区的范围在空间上对应于整个海南岛,属华南成矿省(Ⅱ-16)海南铁、铜、钴、钼、金、铅、锌、水晶成矿区(Ⅲ-90)。大地构造位置上处于欧亚板块、印度-澳大利亚板块和菲律宾板块(西太平洋板块)的交会部位,横跨武夷-云开-台湾造山系和印支地块两大地质构造单元,区域上地质构造演化历史复杂,具有多阶段、多旋回的地质构造演化特征。就已知地质记录而言,地质发展历史可下溯至中元古代,在漫长而复杂的地史演化过程中,经历了中岳、晋宁、加里东、海西—印支、燕山和喜马拉雅

等构造运动,其间地壳发生了多次的"开"与"合",形成了一系列不同类型的沉积建造、变质建造和构造等,以及东西向构造带、北东向构造带、北西向构造带、南北向构造带等主要构造体系。沉积环境随时间演化总体上表现为由海向陆的变迁。构造演化上,大致经历了中元古代块体碰撞、新元古代青白口纪—二叠纪的陆缘裂解离散、二叠纪—三叠纪的块体汇聚-碰撞和碰撞后、三叠纪后陆内裂解离散4个重要的发展阶段。

2. 预测工作区遥感特征

预测工作区遥感影像图的编制选用陆地卫星 ETM 图像数据中 B5、B4 和 B3 波段,分别赋予 R、G、B 的波段组合方案,并与 B8 融合,达到 15m 的分辨率,基本能满足预测工作区的要求。在此种光谱波段组合中,基本囊括了电磁频谱中的可见光、近红外和短波红外 3 个不同的光谱波段信息,其效果最佳,反差适中,色彩丰富,信息量大,能对区内的主要地面覆盖类型进行有效的区分。在 ETM5(R)、ETM4(G)、ETM3(B)图像上,植被呈绿色,裸地及建筑物呈紫红色,水体呈深蓝色调(图5-3)。

海南岛地处亚热带,植被发育,在遥感影像上色调以绿色为基本色调,但地貌和水系在不同构造层中反映特征则特别明显,如第四纪构造层大部沿海南岛四周分布,以浅色调为主,地势平坦,河湖众多,沟道弯曲,树枝状水系发育,而琼北大面积分布的新生代火山岩则以蓝色、深绿色为主,地势平坦,蠕虫状斑点影纹,经室内的图像地质解译,结合野外地质验证,初步建立起了海南岛预测工作区主要地质体 ETM 遥感影像解译标志(表4-1)。

1)区域地质构造特点及其遥感特征

海南岛地处两个大地构造单元,以南部的东西向九所-陵水断裂带为界,断裂带以南的三亚地区及包括南海在内的广大地区属南海地台;断裂以北则属于华南褶皱系。

海南岛在地质历史发展过程中,经历了多期次的构造运动,每一期构造都留下一定的构造形迹,大多数都能在 ETM 影像中有清晰的体现。工作区内共解译出线要素 931 条。在空间分布上,以各种方向、不同形态和不同性质的构造形迹组合,形成东西向构造带、北东向构造带、北西向构造带、南北向构造带,构成本岛的主要构造格局,控制着本岛的成矿作用(图5-4)。

(1)东西向构造对成矿的控制。东西向构造在海南岛主要表现为隐伏性深大断裂带。在遥感图像上与矿产关系密切的断裂带可解译出 3 条。

①尖峰-吊罗断裂带:该带在影像上西端呈明显的一组线性影像,东端主要为岩体和山脉呈东西向展布。该带上有钨、锡矿和温泉分布。

②九所-陵水断裂带:该带在影像上主要呈现中生代火山岩的同安岭、牛腊岭沿断裂带分布。该带上有金、多金属矿分布。

③牙劳断裂:该断裂发育在二叠系层间滑动破碎带中,其控制着金、铅锌矿的分布。在影像上呈现明显的东西向线性影像特征。

(2)北东—北北东向构造对成矿的控制。海南岛北东向构造发育,尤其在西部、中部及南部更为明显。在遥感图像上可解译并与成矿关系密切的有 4 条。

①戈枕断裂韧性剪切带:该带在影像上呈现隆起,线性影像清晰,控制着与海西期韧性剪切变形变质和印支期岩浆热液活动作用有关的糜棱岩型金矿、碎裂岩型金矿和石英脉型金矿的分布。该带是海南岛金矿的主要成矿带。

②红岭-军营断褶带:主要由红岭-军营褶皱带和军营-乌烈断裂带组成。该带有金、铜、铁矿分布。在遥感影像上呈清晰的断续性影像。

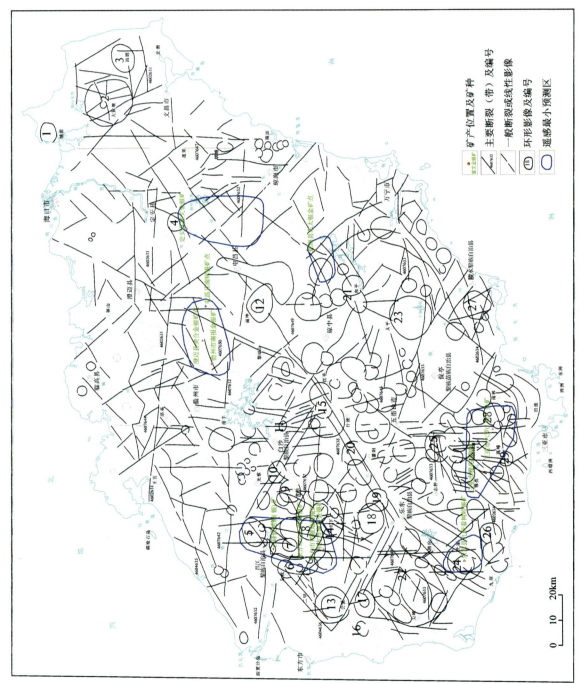

图5-4 海南岛银矿预测工作区地质构造遥感解译图

③南好断裂带：该带控制着燕山期花岗斑岩与志留纪接触带矿化成矿有关的铁、铜、铅、锌矿的分布。在遥感影像上呈现线性影像。

④乐东-黎母山断裂带：为白沙坳陷带与五指山隆起区的分界。该带构造形迹线性影像特征属全省较为清晰的构造带之一，在影像上呈色调异常带。带内化探异常较多，主要控制铅、锌、钨、锡、萤石矿的分布。

(3) 北西向构造对成矿的控制。北西向构造主要见于海南岛西南部和中部。与矿产关系密切且可解译的有 2 条。

①冰岭断裂带：遥感影像上线性形迹清晰，该带上分布有金、银矿产。

②千家断裂带：分布在石门山—千家一带，沿断裂带脉岩和破碎带广泛发育，构成脉岩-破碎带。影像上该带呈现一组北西向展布的山脉。该带上有化探异常并控制着钼、铅、锌、金、银矿的分布。

(4) 南北向构造对成矿的控制。在遥感图像上，本岛可解译的南北向断裂带主要有 5 条，其中 2 条与矿产关系密切。

①抱伦断裂带：在影像上呈现明显的线性影像特征，该带与北北西向断裂构造的交会部位控制着与印支期岩浆热液作用有关的金矿分布。

②燕窝岭断裂带：在影像上该带线性影像清晰。该带北起昌江县，南至王下，带中分布有铅、锌矿。

环形影像解译标志：从反映不同的环形线或环形色块进行直观判读。海南岛预测工作区遥感解译共圈出 169 个环形构造，面积由不足 $1km^2$ 至上百平方千米不等。根据遥感解译所反映的环形影像，结合地质资料，对这些环形影像构造进行分类、解释。

岩体或隐伏岩体环：这类环形影像最为发育，如铺前、昌洒、三才、南林等环形影像。这些环形影像都呈圆环状或椭圆状，色调较明显，面积由几十千米至上百平方千米不等。

陨击环：仅发现 1 处，发育在白沙盆地中部，该环形构造影像标志十分清晰，地貌北高南低，直径约 5km，为一椭圆形，发育在下白垩统鹿母湾组砂岩地层中。

地貌环：为火山构造所反映的环形影像，色调一般较暗，个体均为小圆环。主要分布在琼北地区。

主要的环形构造遥感特征见表 4-2。

2) 遥感异常特征

遥感铁染异常主要反映次生褐铁矿化的分布特征和强度，羟基异常反映了含水蚀变矿物的分布特征和强度。遥感羟基异常图斑共有 43 610 个，其中一级异常 5658 个，二级异常 13 768 个，三级异常 24 184 个；遥感铁染异常图斑共有 36 460 个，其中一级异常 3909 个，二级异常 11 522 个，三级异常 21 029 个。预测工作区矿产资源分布与异常无明显的相关性，根据异常集中分布程度、所处的地质构造环境等，对异常信息进行分析、筛选，共圈定出 83 处羟基异常，45 处铁染异常。预测工作区主要异常特征见表 5-4。

海南岛预测工作区遥感异常在区内反映不明显，分布零散。遥感铁染异常大多信息意义不明，羟基异常分布为无指示意义的异常（伪异常），铁染异常大多分布于第四纪地层发育地区，呈片状分布，羟基异常指示沿海片状分布的黏土类矿物。羟基铁染蚀变组合信息主要分布于沿海和河谷河漫滩地区，沿王五-文教断裂带的低洼地带呈东西向带状分布。龙门至万泉一带呈南北向分布，在工作区西部和西南部的玄武岩地区也有异常浓集。在预测工作区已知矿点中，矿点与铁染羟基异常套合度不高（图 5-5）。

表 5-4　海南岛预测工作区主要遥感异常特征简表

编号	异常名称	异常类别	主要异常特征	地质特征	区域矿产
1	翁田-昌洒异常带	铁染异常	呈南北向展布,面积比较大,强度较强,但没有明显的浓集中心,分布均匀	主要分布于第四系更新统北海组和八所组中	玻璃用石英砂、钛铁矿
2	南宝异常带	羟基异常	零星分布,在道谈村—美山村一带较为集中,强度中等	主要分布于更新统(未分)和第四系更新统北海组中	与已知矿点吻合程度不高
3	里加-加月异常带	羟基异常	呈近南北向展布,没有明显的浓集中心,强度中等	主要分布于第四系更新统秀英组、北海组和石炭系南好组、青天峡组中	与已知矿点吻合程度不高
4	永发异常带	铁染异常	呈北西向带状展布,强度较强,没有明显的浓集中心	主要分布在全新统(未分)中	与已知矿点吻合程度不高
5	三门坡异常带	铁染异常	呈北东向展布,面积较大,没有明显的浓集中心,强度中等	主要分布于第四系更新统道堂组一段、新近系中新统—上新统和石马村组—石门沟村组中	与已知矿点吻合程度不高
6	排浦-海头异常带	铁染异常	呈北东向带状展布,面积较大,强度较强,浓集中心主要位于寨村—新坊井以及龙山农场—大石一带	主要位于第四系更新统北海组、八所组中	玻璃用石英砂、钛铁矿砂矿
7	河头村-石坑仔村异常带	羟基异常	呈南北向展布,总体强度中等,北部异常较集中,且强度较强,南部异常零星分布,强度相对较弱	主要分布于晚三叠世二长花岗岩和中侏罗世花岗岩中	与已知矿点吻合程度不高
8	戈枕-大田异常带	羟基异常	呈北东向展布,面积较大,没有明显的浓集中心。羟基遥感异常强度较强	主要分布于第四系更新统北海组和早三叠世二长花岗岩中	金矿、砂金矿
9	周三异常带	羟基异常	呈北东向展布,强度中等,没有明显的浓集中心	主要分布于下白垩统鹿母湾组中	与已知矿点吻合程度不高
10	大广坝异常带	羟基异常	沿水库边缘分布,异常强度强	主要分布于全新统(未分)、早三叠世黑云母花岗闪长岩和晚二叠世(角闪石)黑云母二长花岗岩中	与已知矿点吻合程度不高
11	便文异常带	羟基异常	呈近东西向展布,强度中等,浓集中心在异常带的东、西两端	主要分布于晚二叠世(角闪石)黑云母二长花岗岩中	与已知矿点吻合程度不高
12	乐来异常带	羟基异常	异常面积较大,分布均匀,整个异常带异常强度较强,在水墩一带异常强度更强烈	主要分布于早三叠世二长花岗岩和晚二叠世(角闪石)黑云母二长花岗岩中	钛铁矿、锆英石砂矿
13	山根异常带	铁染异常	呈北东向带状展布,强度较强,在下田到泗水一带异常较浓集,强度更强	主要分布于第四系更新统北海组、全新统(未分)、晚二叠世(角闪石)黑云母二长花岗岩中	与已知矿点吻合程度不高
14	大安异常带	铁染异常	呈北东向展布,没有明显的浓集中心,强度中等	主要分布于早二叠世(角闪石)黑云母二长花岗岩、早三叠世碱长花岗岩以及晚三叠世角闪石黑云母正长花岗岩中	与已知矿点吻合程度不高

续表 5-4

编号	异常名称	异常类别	主要异常特征	地质特征	区域矿产
15	佛罗异常带	铁染异常	呈北西向展布,强度较强,均匀分布,面积较大	主要分布于第四系更新统北海组、三叠纪第三期中粗粒斑状黑云母正长花岗岩中	与已知矿点吻合程度不高
16	加茂异常带	羟基异常	零星分布,面积较大,没有明显的浓集中心,强度中等	主要分布于晚白垩世花岗闪长岩中	金矿
17	光坡异常带	铁染异常	呈北西向展布,整个异常带异常分布浓集,在旧村到大潜村一带异常更为浓集,强度更强,面积较大	主要分布于晚白垩世花岗闪长岩、晚二叠世(角闪石)黑云母二长花岗岩和第四系更新统北海组中	钛铁矿、锆英石砂矿

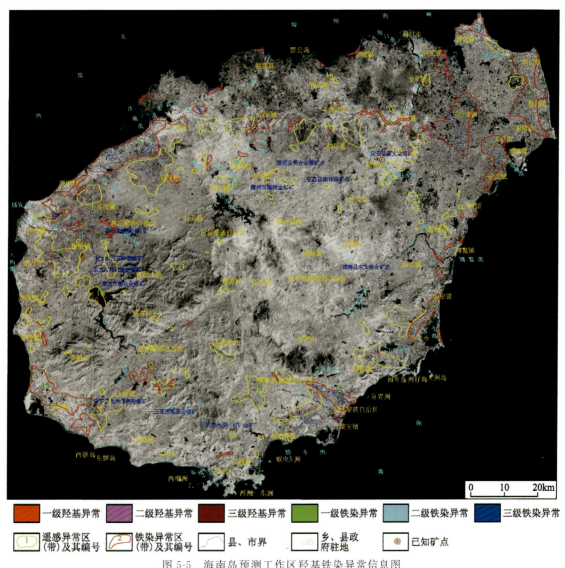

图 5-5 海南岛预测工作区羟基铁染异常信息图

海南岛植被和水系非常发育，为了剔除干扰，在异常提取过程中对水体（河、湖）、植被、沼泽、山体阴影等的分布地带采取掩模处理，各异常之间可能是背景值区，也可能是没有经过异常提取的空白地带。由于空白地带没有进行异常提取，因此会出现异常之间的不连续现象。另外，由于引起异常的物理基础（主要因素）为铁离子、羟基等的电子跃迁和振动过程，因此，遥感异常并不完全代表热液蚀变岩石。遥感异常具有多解性，表生沉积物中的高岭土、黏土、碳酸盐矿物、褐铁矿等均可以引起异常。因此，对遥感异常的内涵认识还有待于实际应用中的知识积累和深化研究。在工作区已知矿点中，矿点与铁染、羟基异常套合度不高。遥感铁染异常大多信息意义不明，羟基异常为无指示意义的异常（伪异常）。需要指出的是，工作区用ETM+数据进行蚀变异常的提取受条件限制，对于厚度不大的矿体应尽可能收集高光谱多波段的遥感数据，才有可能满足于评价的需求。

3. 遥感在矿产预测中的作用分析

海南岛南报式银矿预测工作区银矿类型只有复合内生脉型银矿一种，全岛已发现银矿床（点）12处，其中，小型矿床4处，其余8处均为矿点。一般发育在二叠纪—白垩纪侵入岩体及断裂构造处，大部分银矿床（点）处于花岗岩体引起的环形构造边缘部位。褐铁矿露头是找矿的直接标志；石英脉、石英-煌斑岩复合脉的地表露头是找矿的良好标志。遥感影像标志主要为环形构造及线性构造，反映成矿信息的组合形式，主要为环环组合、线环组合，形式有两环相交、两环相切、同心环、线环相切等，在环环相交及线环相交的叠加部位应是成矿的有利地段。以上述标志的组合以及已有的矿产地为依据，本预测工作区圈定出遥感最小预测区4处（表5-5）。

表5-5 海南岛预测工作区最小预测区特征表

图元编号	名称	矿床类型	预测矿种	判别依据	地质背景
1	兰洋	南报式脉型	银矿	断裂：南北向、北西向两组，控矿断裂 主要矿产：银矿	构造位置：华南褶皱系五指山褶冲带。二叠纪—三叠纪花岗岩；早二叠世（角闪石）黑云母二长花岗岩；中三叠世正长花岗岩；石炭系南好组—青天峡组砾岩、含砾不等粒石英砂岩、砂岩、岩屑长石砂岩、板岩、结晶灰岩
2	龙门	南报式脉型	银矿	环要素：火山口 断裂：南北向、北东向、北西向3组，控矿断裂 主要矿产：银矿	构造位置：华南褶皱系五指山褶冲带。中更新世玄武岩；下白垩统鹿母湾组：砂砾岩、长石石英砂岩、粉砂岩、泥岩、安山-英安质火山岩；长城系抱板群：云母石英片岩、长石石英岩、黑云斜长片麻岩
3	千家镇	南报式脉型	银矿	环要素：构造穹隆或构造盆地 断裂：南北向、北东向、北西向3组，控矿断裂 主要矿产：银矿	构造位置：华南褶皱系五指山褶冲带。晚白垩世二长花岗岩；晚白垩世正长花岗岩。下白垩统六罗村组：流纹岩、安山岩、玄武岩
4	羊栏	南报式脉型	银矿	环要素：中生代花岗岩类引起的环形构造 断裂：南北向、北东向、北西向3组，控矿断裂 主要矿产：银矿	构造位置：南海地台三亚台缘坳陷带。下白垩统六罗村组：流纹岩、安山岩、玄武岩；早白垩世二长花岗岩

(二)雷鸣盆地预测工作区

1. 地质构造背景

定安雷鸣银矿预测工作区分布在岛东北部的定安、屯昌、澄迈等市县内,面积约 $1555km^2$。预测工作区的范围在空间上对应于海南岛雷鸣盆地,属华南成矿省(Ⅱ-16)海南铁、铜、钴、钼、金、铅、锌、水晶成矿区(Ⅲ-90),构造上属于五指山岩浆弧二级构造单元。矿区处于武夷-云开-台湾造山系五指山岩浆弧北缘,跨五指山褶冲带和小部分雷琼裂谷。区域上受东西向王五-文教深大断裂带与昌江-琼海深大断裂带及次级北东向断裂构造的控制,区域地层简单,以白垩纪砂岩为主,构造发育,岩浆活动频繁,矿点多,该区具较好的成矿地质背景。

区域上出露的地层主要有抱板群(ChB),南碧沟组(O_n)、陀烈组(S_1t)、空列村组(S_1k)、南好组—青天峡组(C_n-q)、鹿母湾组(K_1l)及第四系等地层;区域上的构造主要表现为断裂构造,主要有东西向王五-文教深大断裂带从矿区北部穿过。另外,白垩纪盆地南西边缘发育有北东向、北西向、南北向次一级断裂构造;区域上的岩浆岩主要有早白垩世黑云母角闪石花岗闪长岩($K_1\gamma\delta$),晚侏罗世花岗岩($J_2\gamma$)及晚三叠世(角闪石)黑云母二长花岗岩($T_3\eta\gamma$)。

区域与成矿作用相关的构造运动主要在燕山期和喜马拉雅期,燕山构造发展阶段包括侏罗纪、白垩纪,但只有白垩系沉积而缺失侏罗系。白垩纪陆内盆地沉积以类磨拉石建造的红色碎屑沉积为特征。燕山运动发生强烈的中酸性岩浆侵入活动,沿着东西向和南北向深大断裂带侵入,岩浆流体与地层作用,在鹿母湾组层间断层形成富文式脉型金(银)矿。燕山构造旋回内陆盆地沉积作用,壳源花岗岩类岩浆侵入和中酸性火山喷溢等地质事件,在雷鸣断陷盆地形成了与中生代陆相砂岩-砾岩建造有关的铀矿床成矿系列以及与燕山晚期岩浆热液作用有关的金矿床成矿系列。喜马拉雅期构造发展阶段包括第三纪(古近纪、新近纪)、第四纪,该时期主要表现在海南岛北部雷琼断陷,沉积了第三系和第四系。喜马拉雅运动以强烈断陷作用为特征,形成的断裂纵横交错,使地壳张裂加剧,导致深部物质上涌,出现玄武岩浆喷发,造成琼北玄武岩广泛分布,并与宝石、铝土矿、钴土矿等矿产成矿作用有密切关系。

2. 预测工作区遥感特征

预测工作区选用的是陆地卫星ETM图像数据中的波段B5、B4和B3,并分别赋予R、G、B的波段组合方案。在此种光谱波段组合中,基本囊括了电磁频谱中的可见光、近红外和短波红外3个不同的光谱波段信息,其效果最佳,反差适中,色彩丰富,信息量大,能对区内的主要地面覆盖类型进行有效的区分。在ETM5(R)、ETM4(G)、ETM3(B)图像上,植被呈绿色,裸地及建筑物呈紫红色,水体呈深蓝色调(图5-6)。

雷鸣盆地银矿预测工作区位于南渡江中下游河谷平原区,地表切割较弱,起伏和缓,河湖众多,沟道弯曲,树枝状水系发育。影像中地貌特征显示清晰,色彩斑杂。花岗岩、火山岩和玄武岩分布区植被覆盖好,呈绿色。南渡江流域,影像上呈灰白色—浅红色,纹理较细。预测工作区中部有白垩纪地层分布,呈浅红色调。经室内的图像地质解译,结合野外地质验证,初步建立起了雷鸣盆地银矿预测工作区主要地质体ETM遥感影像解译标志(表5-6)。

图 5-6 雷鸣盆地银矿预测工作区遥感影像图

表 5-6 雷鸣盆地银矿预测工作区主要地质体 ETM(R5G4B3)影像遥感解译标志简表

岩类	时代	解译标志					主要岩性
		形态	色调	影纹	地貌	水系	
沉积岩	Q	带状、片状,边界不规则	草绿色、浅粉红色、灰白色	不显或较单一	以滨海平原和山前洪积阶地为主,少数为山间盆地	水系稀疏,以树枝状、平行状为主	松散砂土、砂、砾
	K	带状、长条状、片状,多呈直线边界	墨绿色、深绿色、草绿色、粉红色、米黄色	斑点状、橘皮状、蠕虫状、斑块状、条带状、梳状	阳江、雷鸣、王五红盆为丘陵地貌,白沙红盆以低—中山地貌为主	树枝状为主,局部有扇状、平行状	砂岩、砂砾岩
	T	似椭圆形	绿色	细腻、不显	平原、丘陵	不发育,稀疏树枝状	页岩、砂岩、砂砾岩
混合岩	Pt_2	不规则状,边界不清晰	草绿色—黄绿色	细带状、斑点状,局部斑块状	以丘陵为主,局部为低山	水系发育中等,以树枝状为主	混合岩化斜长片麻岩、混合岩、片麻状花岗岩

续表 5-6

岩类	时代	解译标志					主要岩性
		形态	色调	影纹	地貌	水系	
火山岩	Q	片状、带状、似圆状,边界清晰而规则	深绿色—灰绿色	蠕虫状、姜状、岛状、雾状	火山岩台地、火山锥、环状火山口	水系稀疏,树枝状、星点状	玄武岩及风化红土
	K	似圆状、带状、环状火山锥	墨绿色—草绿色、浅粉红色	斑块状、带状、羽状	中低山、丘陵,局部高山	树枝状水系稀疏	流纹斑岩、英安岩及火山碎屑岩

1) 区域地质构造遥感特征

雷鸣盆地银矿预测工作区地势较为平坦,断裂大多较隐晦,多呈断续的线状沟谷。共解译出线性构造 42 条,环形构造 5 个。线性构造以东西向、北东向为主,北西向次之(图 5-7)。其中东西向为王五-文教断裂带;北东向断裂带有乐东-黎母山断裂和瑞溪-白莲断裂;石山断裂为北西走向。工作区遥感块、带、色要素特征不明显。

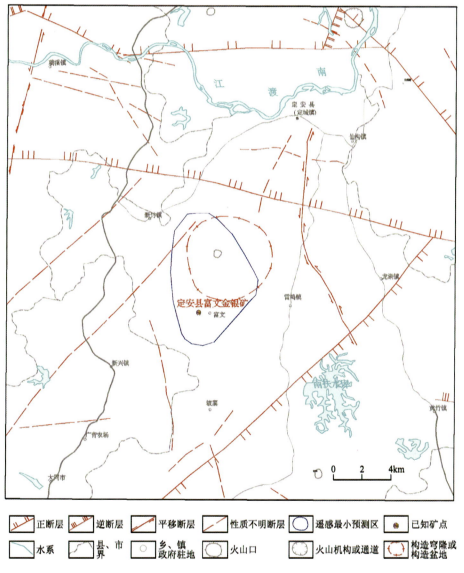

图 5-7 雷鸣盆地银矿预测工作区地质构造遥感解译图

主要断裂构造遥感特征如下。

(1)王五-文教断裂带。位于预测工作区北部,由王五-文教断裂带和一系列走向东西向的断裂带组成。在遥感影像上该断裂带大多较隐晦,多呈断续的线状沟谷。它是雷琼断陷与五指山褶冲带的分界线,控制着沿构造带分布的中生代和新生代盆地的形成及盆地的沉积作用、岩浆侵入和喷发作用。

(2)乐东-黎母山断裂。位于预测工作区西南部,为白沙坳陷带与五指山隆起区的分界断裂。该断裂构造形迹线性影像特征属全省较为清晰的构造带之一,在影像上呈色调异常带。主要控制铅、锌、钨、锡、萤石矿的分布。

在雷鸣盆地银矿预测工作区共解译出环状构造5个,以火山岩体引起的环形体居多(图5-7)。根据遥感解译所反映的环形影像,结合地质资料,对这些环形影像构造进行分类、解释如下。

①构造穹隆或构造盆地:这类环形影像共解译出1个,位于金鸡岭地区,面积为38km^2,影像清晰,环内外色调差异明显,放射状水系不发育,环外分布下白垩统鹿母湾组砂岩、砂砾岩,环内分布第四纪基性火山岩。

②浅层、超浅层次火山岩体引起的环形构造:发现有4处,主要沿着鸡实-霸王岭断裂带发育,该环形构造影像标志清晰,面积较小,个体均为小圆环,环内有印支期二长花岗岩出露。

2)遥感异常特征

遥感羟基异常图斑共有2457个,其中一级异常246个,二级异常689个,三级异常1522个;遥感铁染异常图斑共有1748个,其中一级异常182个,二级异常594个,三级异常972个。预测工作区矿产资源分布与异常无明显的相关性,根据异常集中分布程度、所处的地质构造环境等,对异常信息进行分析、筛选,共圈定出7处羟基异常,3处铁染异常。预测工作区主要异常特征见表5-7。

表5-7 海南省雷鸣盆地预测工作区主要遥感异常特征简表

编号	异常名称	异常类别	主要异常特征	地质特征	区域矿产
1	永发异常带	铁染异常	呈北西向带状展布,强度较强,没有明显的浓集中心	主要分布在全新统(未分)中	与已知矿点吻合程度不高
2	钟宅坡村异常带	羟基异常	呈北西向展布,强度中等,没有明显的浓集中心	主要分布于第四系更新统北海组中	与已知矿点吻合程度不高
3	里加-加月异常带	羟基异常	呈近南北向展布,没有明显的浓集中心,强度中等	主要分布于第四系更新统秀英组、北海组和石炭系南好组—青天峡组中	与已知矿点吻合程度不高
4	加朝村-琉球村异常带	铁染异常	零星分布,强度较弱	分布在下志留统陀烈组中	与已知矿点吻合程度不高
5	仙沟异常带	铁染异常	呈北西向展布,强度较强,浓集中心主要位于美钗坡的南部	分布在第四系更新统北海组中	与已知矿点吻合程度不高
6	坡拥村异常带	羟基异常	整体异常强度较大,在翰堂村一带异常较集中,且强度较强	主要分布在下志留统陀烈组和下白垩统鹿母湾组组中	与已知矿点吻合程度不高
7	岗坡异常带	羟基异常	呈北西向展布,零星分布,没有明显的浓集中心,强度较弱	主要分布于下白垩统鹿母湾组和第四纪更新世玄武岩中	与已知矿点吻合程度不高
8	尖坡村-牛耳坡异常带	羟基异常	呈东西向展布,异常在尖坡村、美珍村一带较集中,强度中等	主要分布于下白垩统鹿母湾组中	与已知矿点吻合程度不高
9	诗礼根-异常带	羟基异常	零星分布,没有明显的浓集中心,强度中等	主要分布于下白垩统鹿母湾组和长城系抱板群中	与已知矿点吻合程度不高
10	广青农场异常带	羟基异常	呈北西向展布,强度较强	主要分布于晚三叠世二长花岗岩和早白垩世花岗闪长岩中	与已知矿点吻合程度不高

海南省雷鸣盆地预测工作区植被和水系非常发育，遥感异常信息反映不明显，分布零散，与该类型矿床地质成矿关系不大。异常主要分布于下白垩统鹿母湾组、全新统及第四系更新统北海组等地层中。遥感铁染异常大多信息意义不明，羟基异常分布为无指示意义的异常（伪异常），铁染异常分布多在地层岩性发育地区，呈片状分布，羟基异常多由片状分布的黏土类矿物引起。羟基-铁染蚀变组合异常主要分布于河谷河漫滩地区，沿雷鸣-永发的低洼地带呈北西向分布。在南渡江河谷漫滩地区也有羟基异常浓集。在预测工作区已知矿点中，矿点与铁染、羟基异常套合度不高（图5-8）。

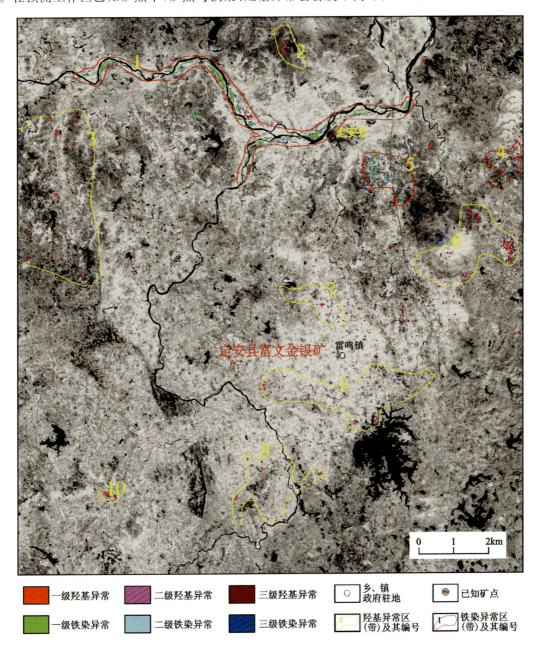

图5-8 雷鸣盆地预测工作区遥感异常分布图

3. 遥感在矿产预测中的作用分析

本预测工作区银矿预测类型为富文式热液充填脉型金银矿，海南省成矿规律预测组圈定的雷鸣盆地预测工作区，仅有富文1处中型金银矿床，该银矿床位于雷鸣中生代白垩纪盆地与屯昌花岗岩体环形构造边缘部位。该类型矿床的找矿标志包括北西向层间滑动断裂,燕山晚期的花岗闪长岩,以及黄铁矿化、硅化、绢云母化、绿泥石化、石英脉等。遥感影像标志主要为环形构造及线性构造,反映成矿信息的组合形式,主要为环环组合、线环组合,形式有同心环、线环相切等,在线环相交的叠加部位应是成矿的有利地段。以上述标志的组合以及已有的矿产地为依据,本预测工作区圈定出遥感最小预测区 1 处(表 5-8)。

表 5-8 雷鸣盆地预测工作区最小预测区特征表

图元编号	名称	矿床类型	预测矿种	判别依据	地质背景
1	富文	富文式脉型	银矿	环要素:火山口,构造穹隆或构造盆地 主要矿产:银矿	构造位置:华南褶皱系五指山褶冲带。第四纪更新世玄武岩;下白垩统鹿母湾组:砂砾岩、长石石英砂岩、粉砂岩、泥岩、安山-英安质火山岩

(三)昌江石碌预测工作区

1. 地质构造背景

昌江石碌银矿预测工作区位于岛西部的昌江、白沙、儋州、东方等市县内,面积为 362.86km²。海南省昌江石碌预测工作区的范围在空间上对应于海南岛昌江县石碌镇,属华南成矿省(Ⅱ-16)海南铁、铜、钴、钼、金、铅、锌、水晶成矿带(Ⅲ-90),构造上属于武夷-云开-台湾造山系五指山岩浆弧五指山褶冲带琼西岩浆弧。区域上地层发育较齐全,地质构造复杂,岩浆活动强烈,矿区的南、北、西部均被侵入岩所环绕。区内地层有青白口系石碌群浅海-潟湖相含铁火山-碎屑沉积岩和碳酸盐岩建造,且为中一低级区域变质与接触热变质作用特征明显的岩系;断裂构造形迹主要有北西—北北西向组、北东东—近东西向组和生成较晚的近南北向组;区内侵入岩广布,主要产于本区南、北、西部。侵入岩形成时期大多为海西期—印支期,次为燕山晚期。岩性大多为二长花岗岩、中粗粒斑状黑云母花岗闪长岩和花岗斑岩。本区受褶皱构造控制明显,其控制着矿体的赋存形态、产状和厚度变化。

2. 预测工作区遥感特征

预测工作区遥感影像图编制选用的是陆地卫星 ETM 图像数据中的波段 B5、B4 和 B3,分别赋予 R、G、B 的波段组合方案,并与 B8 融合,达到 15m 的分辨率,基本能满足预测工作区的要求。在此种光谱波段组合中,基本囊括了电磁频谱中的可见光、近红外和短波红外 3 个不同的光谱波段信息,其效果最佳,反差适中,色彩丰富,信息量大,能对区内的主要地面覆盖类型进行有效的区分。在 ETM5(R)、ETM4(G)、ETM3(B)图像上,植被呈绿色,裸地及建筑物呈紫红色,水体呈深蓝色调(图 5-9)。

1)区域地质构造遥感特征

工作区位于海南岛西部,地处剥蚀丘陵及滨海平原。区域内湖泊、水库众多,植被覆盖程度高,在 ETM 遥感影像上色调以绿色为基本色调。工作区西部为第四纪构造层分布,以浅色调为主,地势平坦,河湖众多,沟道弯曲,树枝状水系发育。区域内印支期的花岗岩和第三纪玄武岩大面积分布。印支期的花岗岩分布于工作区东部,地表植被高度覆盖,在 ETM 影像中显示为深绿色。经室内的图像地质解译,结合野外地质验证,初步建立起了昌江石碌预测工作区主要地质体 ETM 遥感影像解译标志(表 5-9)。

图 5-9　昌江石碌预测工作区遥感影像图

表 5-9　昌江石碌预测工作区主要地质体 ETM(R5G4B3)影像遥感解译标志简表

岩类	时代	解译标志					主要岩性
		形态	色调	影纹	地貌	水系	
沉积岩	Q	带状、片状，边界不规则	草绿色、浅粉红色、灰白色	不显或较单一	以滨海平原和山前洪积阶地为主，少数为山间盆地	水系稀疏，以树枝状、平行状为主	松散砂土、砂、砾
	E+N	似椭圆形	深绿色、灰色	蠕虫状、姜状	以丘陵地貌为主	树枝状	砂土、黏土、亚砂土
	K	带状、长条状、片状，多呈直线边界	墨绿色、深绿色、草绿色、粉红色、米黄色	斑点状、橘皮状、蠕虫状、斑块状、条带状、梳状	以低—中山地貌为主	以树枝状为主，局部有扇状、平行状	砂岩、砂砾岩

区内主要经历了加里东运动、海西—印支运动、燕山运动和喜马拉雅运动，构造形迹穿插交错，其中线性、环形构造广泛发育。线性构造形迹主要由东西向、北东向及南北向线性构造组成。环形构造主要为单元环、线环类型。遥感色要素主要为角岩化，遥感带要素和块要素特征不明显。

经综合解译，工作区的线性构造中北东向有 8 条，东西向有 3 条，南北向有 1 条，北西向断裂带有 2 条。从反映不同的环形线或环形色块进行直观判读，本次遥感解译共圈出 3 个环形构造(图 5-10)。

2)主要断裂构造遥感特征

(1)金波断裂带。由南至北贯穿预测工作区中部，影像形迹清晰。断裂带分布于抱板隆起区的晚古生代江边-金波断陷北部，呈南北走向分布，从金波农场向南到霸王岭林业局一带，全长 35 多千米，宽 1km 以上，切过石炭系和二叠系，沿断裂带岩石破碎。在金波农场一带充填燕山期峨朗岭-金波花岗斑岩(脉)，往南霸王岭一带称霸王岭断层，充填巨大石英脉，并有铅锌多金属矿化。

(2)红岭-军营断褶带。主要由红岭-军营褶皱带和军营-乌烈断裂带组成，有金、铜、铁矿分布。在遥感影像上呈清晰的断续性影像。

主要环形构造遥感特征见表 5-10。

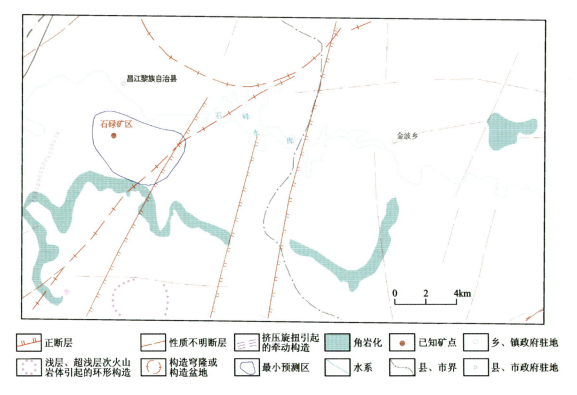

图 5-10 昌江石碌预测工作区地质构造遥感解译图

表 5-10 昌江石碌预测工作区主要环形影像解译标志简表

编号	名称	面积(km^2)	影像特征	地质特征	成因推测
1	南班环形影像	87	影像清晰,呈单环等圆形,环内色调为深绿色,中心为突起的正地形,放射状水系	处于东西向昌江-琼海深大断裂带西端,南北向断裂于环中穿过。海西期岩体与燕山晚期岩体接触部位。白沙县金波钨矿点所在地	岩体接触界线
2	元门环形影像	13	影像清晰,圆形状环,边界清楚,环内细脉状影纹	环内分布下白垩统鹿母湾组砂岩、砂砾岩	陨石造成的坳陷

3）遥感异常特征

遥感羟基异常图斑共有 62 个,其中一级异常 9 个,二级异常 17 个,三级异常 36 个;遥感铁染异常图斑共有 82 个,其中一级异常 10 个,二级异常 21 个,三级异常 51 个。预测工作区矿产资源分布与异常无明显的相关性,根据异常集中分布程度、所处的地质构造环境等,共圈定出 1 处羟基异常带,2 处铁染异常带(表 5-11)。

昌江石碌预测工作区植被非常发育,对工作区内矿化蚀变异常信息的提取干扰较大。遥感异常在区内反映不明显,分布零散,主要分布于晚二叠世(角闪石)黑云母二长花岗岩及青白口系石碌群中。在预测工作区已知矿点中,矿点与铁染、羟基异常套合度不高(图 5-11)。

表 5-11 海南省昌江石碌预测工作区主要遥感异常特征简表

编号	异常名称	异常类别	主要异常特征	地质特征	区域矿产
1	叉河农场十队-昌江县知农异常带	铁染异常	呈北西西向零星分布,没有明显的浓集中心,强度较弱	分布于晚侏罗世黑云母正长花岗岩和晚二叠世(角闪石)黑云母二长花岗岩中	与已知矿点吻合程度不高
2	枫树下异常带	铁染异常	零星分布,强度较弱,没有明显的浓集中心	分布于晚二叠世(角闪石)黑云母二长花岗岩和青白口系石碌群中	冶金用白云岩、赤铁矿、铜钴矿、水泥用灰岩、冶金用石英岩
3	玉地异常带	羟基异常	面积较小,羟基异常零星分布,强度较弱	主要分布于青白口系石碌群和晚二叠世(角闪石)黑云母二长花岗岩中	与已知矿点吻合程度不高

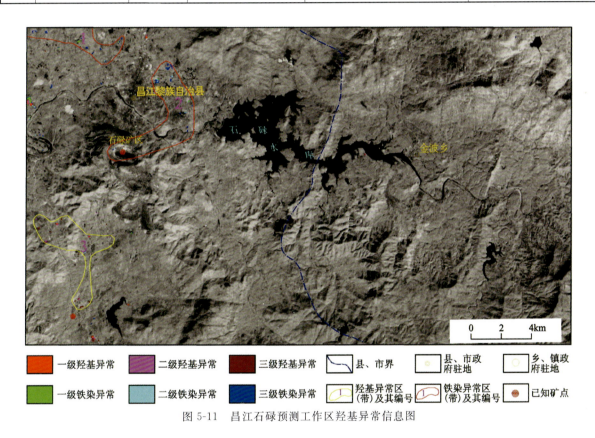

图 5-11 昌江石碌预测工作区羟基异常信息图

3. 遥感在矿产预测中的作用分析

本预测工作区银矿预测类型为石碌式沉积变质型银矿。找矿标志包括青白口系石碌群第六层,围岩为含透辉石透闪石白云岩,向斜的谷(槽)部或向斜轴部附近的层间剥离带或褶曲发育、形变强烈地段。该类型银矿的遥感近矿找矿标志为线性构造、环形构造以及色要素的叠加。色调异常为浅色调,与周边色调有明显差异。反映成矿信息的组合形式有线环相切等,在线环相交的叠加部位应是成矿的有利地段。以上述标志的组合以及已有的矿产地为依据,本预测工作区圈定出遥感最小预测区 1 处(表 5-12)。

表 5-12　昌江石碌预测工作区最小预测区特征表

图元编号	名称	矿床类型	预测矿种	判别依据	地质背景
1	石碌	石碌式沉积变质型	银矿	断裂:北东向,控矿断裂 主要矿产:银矿	构造位置:华南褶皱系五指山褶冲带。青白口系石碌群:石英绢云片岩、石英岩、结晶灰岩、透辉透闪岩、白云岩、赤铁矿层;石炭系南好组—青天峡组:砾岩、含砾不等粒石英砂岩、砂岩、岩屑长石砂岩、板岩、结晶灰岩;震旦系石灰顶组:含赤铁矿石英砂岩、石英岩、赤铁矿粉砂岩、泥岩

二、典型银矿遥感地质特征分析

海南岛已发现的银矿床(点)共有 12 个,其中小型矿床 4 个,矿(化)点 8 个。矿床类型:沉积变质型银矿 1 个,热液脉型(狭义)9 个,矽卡岩型 2 个,银矿种主要为钴铜(银)矿、银金矿、金银矿,次为铅银矿,其余矿种少见。上述 12 个银矿床(点)主要集中分布于五指山褶冲带,其中又以琼西岩浆弧内银矿床(点)分布最为集中,全岛银矿床(点)绝大多数均分布在此区域内。含矿地层、岩石主要为青白口系石碌群、下二叠统峨查组、下白垩统鹿母湾组和六罗村组,另外还包括二叠纪、三叠纪黑云母花岗闪长岩,晚白垩世二长花岗岩。截至 2008 年底,海南省累计查明银矿资源量 35 326kg。总体来看,海南省银矿资源具有如下特征:

(1)银矿资源在各构造单元中的分布并不均衡,这表现为已知的银矿床(点)主要集中分布于五指山褶冲带(包括琼西岩浆弧和琼东陆内盆地),其中又以琼西岩浆弧分布较多,包括石碌铁钴铜(银)矿、南报银矿、看树岭银矿等均分布于此,琼东陆内盆地仅分布有富文银矿;三亚地体内仅分布有六罗村、雅亮两个矽卡岩型银矿点。

(2)海南岛银矿规模不大,省内已发现的矿床中,仅石碌银矿、富文银矿、南报银矿及九所看树岭银矿达到小型规模,其余均为矿(化)点。

(3)现有资料显示,海南岛银矿床(点)可归纳为 3 种类型,即沉积变质型、热液脉型及接触交代型(矽卡岩型)。

(4)空间分布上,沉积变质型银矿仅分布于昌江地区石碌群第六层区域内,热液脉型(狭义)矿床(点)主要分布于琼西岩浆弧,而琼东陆内盆地仅分布有富文银矿 1 处小型矿床,接触交代型矿床(点)仅有三亚市六罗(村)、雅亮两处银矿。另外,海南岛无独立银矿发现,均为共(伴)生银产出,石碌式沉积变质型银矿与钴铜矿伴生,热液脉型银矿与金矿及铅锌矿共(伴)生,接触交代型(矽卡岩型)银矿与金矿共生。

(5)银矿床(点)成矿时代相对较集中,其形成与岩浆作用、构造作用和区域地球化学元素异常有关。除石碌式沉积变质型银矿形成于晋宁期外,海南岛热液脉型(狭义)、接触交代型银矿床(点)成矿时代均为燕山期,成因上与燕山期的花岗质岩浆活动密切相关。

(6)海南岛热液脉型(狭义)银矿床(点)在储量和数量上占优势,成因上与燕山晚期花岗质岩浆侵入活动密切相关,受断裂构造及层间破碎带控制明显,矿体均赋存于燕山晚期花岗岩类及其附近的构造破碎带和层间破碎带内,成矿时代为燕山晚期;沉积变质型银矿次于热液脉型银矿,仅分布于石碌矿区及其外围,与钴铜矿伴生,品位、储量明显小于热液脉型银矿,钴铜(银)矿体呈层状、似层状赋存于石碌群第六层铁矿体下部 30~60m 范围内,受北一复式向斜构造控制明显,位于向斜核部及其向两翼过渡部位,成矿时代为晋宁期;接触交代型(矽卡岩型)银矿床(点)仅分布于三亚地体下白垩统六罗村组火山岩地层之中,与燕山期花岗质岩浆关系密切,受断裂构造控制明显,成矿时代为燕山晚期。

根据海南省银矿资源分布、规模、矿床成因类型等，选择了昌江石碌矿区石碌式沉积变质型铁钴铜（银）矿、定安县富文矿区富文式热液脉型金银矿、儋州市南报矿区南报式热液脉型银金矿分别作为本次潜力评价的典型矿床。

石碌式沉积变质型银矿的含矿地层主要为青白口系石碌群第六层以及北一复式向斜核部或核部向两翼过渡部位，受层位及构造控矿作用特征明显。成矿物质来源于石碌群第六层，成矿时代为晋宁期，海西期—印支期构造运动进行了改造和叠加。矿体在平面上大致以北一复式向斜轴为中心，分南、中、北3个矿带，中矿带分布于复式向斜的核部，南、北矿带分别位于复式向斜的南翼和北翼，在垂向上，自上向下大致为铁—钴—铜的顺序排列，平行叠置，空间分布上有极大的一致性。空间定位明显受地层和断裂控制。

富文式热液脉型银矿的含矿地层主要为下白垩统鹿母湾组，与之有关的岩浆岩为角闪黑云花岗闪长岩，成矿物质也主要来源于该期花岗闪长质岩浆。成矿时代为白垩纪，矿体产于北西向鹿母湾组层间滑脱断裂中，空间定位明显受岩浆活动和断裂构造控制。

南报式热液脉型银矿的矿体主要分布于二叠纪、三叠纪黑云母二长花岗岩以及下二叠统鹅查组中，与隐伏于黑云母二长花岗岩之下的燕山期花岗岩关系密切，成矿物质主要来源于燕山期花岗岩，成矿时代为燕山期，矿体受北东向、北西向及东西向3组断裂破碎带控制，其中又以北东向构造破碎带为主，与成矿关系最为密切，3组破碎带内均充填石英脉、煌斑岩脉、石英-煌斑岩脉等，矿区发育的各种破碎带为矿液的运移和沉淀提供了通道和空间，并且控制了矿床的形成和矿床的形态。

上述3处典型矿床的地质背景及遥感特征简述如下。

(一)海南儋州市南报石英脉型银矿

海南省地质综合勘查院于1983年1月至1984年11月对北自白石岭、南至冰岭、东起铁头岭、西至南宝岭，面积约20km^{2}的区域开展了地质普查工作；于1990年5月至1994年11月，开展了涉及整个矿矿区(南部为主)的地质普查工作。

1. 地质特征

1) 地质背景

矿区位于武夷-云开-台湾造山系，五指山岩浆弧，五指山褶冲带，琼西岩浆弧内，王五-文教东西向断裂带南侧。矿区出露地层有上石炭统青天峡组、下白垩统鹿母湾组和第四系，矿区南面出露三叠纪黑云母二长花岗岩。

2) 找矿标志

褐铁矿露头是找矿的直接标志；石英脉、石英-煌斑岩复合脉的地表露头是找矿的良好标志。

2. 典型矿床遥感资料研究

矿区矿体受北东向、北西向及东西向3组断裂破碎带控制，其中又以北东向构造破碎带为主，与成矿关系最为密切，3组破碎带内均充填石英脉、煌斑岩脉、石英-煌斑岩脉等，矿区发育的各种破碎带为矿液的运移和沉淀提供了通道和空间，并且控制了矿床的形成和矿床的形态。

矿区线、环构造发育，同心环、线环相切部位应是成矿的有利地段。整体色调为浅色调，与周边色调有明显差异，沿断裂带分布。矿区内遥感羟基、铁染异常信息不明显，无明显指示意义。该类型银矿的遥感近矿找矿标志为线性构造与环形构造、色要素的叠加(图5-12)。

图 5-12 海南省儋州市南报银矿区遥感影像图

(二)海南定安富文石英脉型银矿

海南省定安富文石英脉型银矿与海南省定安富文石英脉型金矿共生,该矿床的遥感特征与金矿相同,其典型矿床的研究参照该类型金矿资料。典型矿床的遥感地质特征简述如下。

1. 地质特征

1)地质背景

定安富文金银矿位于五夷-云开-台湾造山系五指山岩浆弧五指山褶冲带琼东陆内盆地内,处于东西向王五-文教深大断裂南侧,琼东陆内盆地雷鸣凹陷南部边缘。区内地层主要有上白垩统报万群,主要岩性为长石石英砂岩、含钙质条带的粉砂岩。侵入岩主要有燕山晚期花岗闪长岩、花岗岩。构造主要为屯昌南北向构造带东侧,东西走向王五-文教深大断裂和北东-南西向乐东-定安构造带的交会部位。

2)蚀变类型及其分布

矿区以黄铁矿化、硅化、绢云母化等蚀变为主,还有绿泥石化等。

3)找矿标志

该类型金银矿的找矿标志:早白垩世沉积形成疏松的砂砾岩,侵入的燕山晚期的花岗闪长岩,多条相互平行或断续的线性断层破碎带,以及黄铁矿化、硅化、绢云母化、绿泥石化等。

2. 典型矿床遥感资料研究

定安富文金银矿区构造主要为屯昌南北向构造带东侧,东西走向文教-王五深大断裂和北东-南西向乐东-定安构造带的交会部位。矿体产于北西向鹿母湾组层间滑脱断裂中,空间定位明显受岩浆活动和断裂构造控制。

从 SPOT-5 影像上看,矿床所在地区褶皱舒缓,构造形迹不清晰。农耕痕迹明显,在影像上显示为块状影纹,以绿色、灰白色块为主。矿区内遥感块、带、环形要素不发育,仅表现少量线性构造和色异常。线性构造形迹隐晦,色调异常为浅色调,与周边色调有明显差异。矿区内遥感羟基、铁染异常信息不明显,无实际指示意义。遥感近矿找矿标志:相互平行或断续的线性断层破碎带及色要素等(图 5-13)。

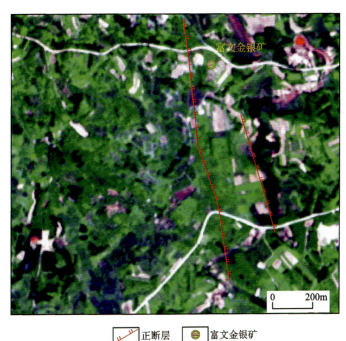

图 5-13 定安富文金银矿床遥感影像图

(三)海南省昌江石碌沉积变质型银矿

海南省昌江县石碌沉积变质型银矿与石碌沉积变质型铁矿伴生,该矿床的遥感特征与铁矿相同,其典型矿床的研究参照该类型铁矿资料,典型矿床的遥感特征与铁矿一样,其简述如下。

1. 地质特征

矿区位于五指山褶冲带抱板隆起区,昌江-琼海东西向断裂带南侧,北东向戈枕断裂带与近南北向大英山-长岭断裂的交会部位。矿区出露地层有青白口系石碌群、震旦系石灰顶组,矿区南部、北部、西部为海西期和印支期花岗岩所环绕。

2. 典型矿床遥感资料研究

石碌式沉积变质型银矿的含矿地层主要为青白口系石碌群第六层以及北一复式向斜核部或核部向两翼过渡部位,受层位及构造控矿作用特征明显。成矿物质来源于石碌群第六层,成矿时代为晋宁期,海西期—印支期构造运动进行了改造和叠加。空间定位明显受地层和断裂控制。

矿区地处海南岛西部的剥蚀丘陵区,植被非常发育,在 IKONOS 影像中以深绿色为主色调,工作区中南部地势平坦,影像上呈浅绿色规则斑块,是农业种植区的影像特征。矿区内遥感块、带、环要素不明显,线性构造及色要素较为清晰。色调异常为浅色调,与周边色调有明显差异。矿区内采坑及尾矿库呈灰白色。区内北东向断裂构造发育,鸡实-霸王岭断裂带在影像中形迹明显。从构造格架看,区内北东向断裂构造占主导地位,控制了主要山脉走向。矿区内遥感羟基、铁染异常信息不明显,无实际指示意义。该类型银矿的找矿标志为青白口系石碌群第六层,围岩为含透辉石透闪石白云岩,向斜的谷(槽)部或向斜轴部附近的层间剥离带或褶曲发育、形变强烈地段。遥感近矿找矿标志为线性构造和色要素的叠加(图 5-14、图 5-15)。

图 5-14　海南省昌江石碌银矿床所在地区三维遥感影像图

图 5-15　海南省昌江石碌银矿床所在地区构造遥感解译图

第二节　钼矿预测遥感资料应用成果研究

一、预测工作区遥感地质特征分析

海南省的钼矿分布在全岛各地。全省钼矿按成因类型主要分为三大类：白石嶂式脉型钼矿、园珠顶式斑岩型钼矿、罗葵洞式火山岩型钼矿。海南省成矿预测组划分的钼矿预测类型及预测方法见表5-13。

表5-13　海南省钼矿预测类型一览表

预测矿种	矿产预测类型	典型矿床	预测工作区范围	预测底图比例尺	底图类型
钼	白石嶂式脉型钼矿	屯昌高通岭钼矿、陵水龙门岭钼矿	海南岛预测工作区：E108°37′14″—111°02′40″；N18°08′58″—20°10′26″	1∶10万	侵入岩浆构造图
	园珠顶式斑岩型钼矿	乐东石门山钼矿、报告村钼矿、红门岭矿钼矿	乐东尖峰-千家预测工作区：E108°42′46″—109°21′40″；N18°22′45″—18°55′35″	1∶5万	侵入岩浆构造图
		琼海梅岭铜钼矿	琼海烟塘-塔洋预测工作区：E110°29′00″—110°40′46″；N19°06′32″—19°28′20″	1∶5万	侵入岩浆构造图
	罗葵洞式火山岩型钼矿	保亭罗葵洞钼矿	同安岭-牛腊岭预测工作区：E108°56′30″—109°40′30″；N18°19′20″—18°36′40″	1∶5万	火山岩性岩相图

根据钼矿床的分布情况，圈定海南岛预测工作区、乐东尖峰-千家预测工作区、同安岭-牛腊岭预测工作区和琼海烟塘-塔洋预测工作区（图5-2）。各预测工作区遥感地质特征简述如下。

（一）海南岛预测工作区

1. 地质构造背景及遥感特征

钼矿的海南岛预测工作区与银矿的海南岛预测工作区范围相同，预测工作区地质构造背景和遥感地质矿产特征及遥感异常可参考本章第一节的内容，在此不重复叙述。

2. 遥感在矿产预测中的作用分析

预测工作区中钼矿按成因类型可以分为3类，即斑岩型、热液脉型、陆相火山岩型。在全岛已发现的10个钼矿床（点）中，大型矿床1处，中型矿床2处，小型矿床5处，矿点1处，矿化点1处。找矿标志可归纳为4个方面：①地貌标志，含矿石英脉蚀变破碎带抵抗风化作用的能力强，往往表现为断续起伏延伸的带状山脊。因此，带状山脊可作为寻找含钼石英脉带的标志。②构造标志，北西向张性断裂控制矿体形态和规模，沿北西向断裂存在寻找钼矿体的可能性。③围岩蚀变标志，当围岩发生硅化、黄铁矿化、绿泥石化时，往往是钼矿体存在部位。④遥感影像标志，主要为环形构造及线性构造，反映成矿信息的组合形式，主要为环环组合、线环组合，形式有两环相交、两环相切、同心环、线环相切等，在环环相交及线环相交的叠加部位,应是成矿的有利地段。以上述标志的组合和已有的矿产地为依据,本预测工作区圈定出遥感最小预测区 3 处(表 5-14)。

表 5-14 海南岛预测工作区最小预测区特征表

图元编号	名称	矿床类型	预测矿种	判别依据	地质背景
1	叉河	白石嶂式脉型	钼矿	环要素:构造穹隆或构造盆地 断裂:北东向、北西向、东西向3组,控矿断裂 主要矿产:钼矿	构造位置:华南褶皱系五指山褶冲带。石炭系南好组—青天峡组:砾岩、含砾不等粒石英砂岩、砂岩、岩屑长石砂岩、板岩、结晶灰岩;中三叠世二长花岗岩;下二叠统峨查组—鹅顶组:石英砂岩、板岩、硅质岩、粉晶灰岩、生物屑灰岩、含燧石纹层灰岩
2	乌坡	白石嶂式脉型	钼矿	环要素:中生代花岗岩类引起的环形构造,浅层、超浅层次火山岩体引起的环形构造 断裂:北东向、北西向、南北向3组,控矿断裂 主要矿产:钼矿	构造位置:华南褶皱系五指山褶冲带。晚三叠世二长花岗岩;早白垩世花岗闪长岩;长城系戈枕村组:黑云斜长片麻岩、混合片麻岩、混合花岗闪长岩;下白垩统岭壳村组:流纹斑岩、英安斑岩
3	尖峰	白石嶂式脉型	钼矿	环要素:中生代花岗岩类引起的环形构造,浅层、超浅层次火山岩体引起的环形构造 断裂:北东向、北西向2组,控矿断裂 主要矿产:钼矿	构造位置:华南褶皱系五指山褶冲带。三叠纪第三期中粗粒斑状黑云母正长花岗岩;第四系更新统北海组:亚砂土、砂、含玻璃陨石砂砾;早二叠世闪长岩

(二)乐东尖峰-千家预测工作区

1. 地质构造背景

海南省乐东尖峰-千家预测工作区的编图范围:E108°42′46″—109°21′40″,N18°22′45″—18°55′35″,面积 4 147.896 km²。预测工作区的范围在空间上对应于海南岛乐东县,属华南成矿省(Ⅱ-16)海南铁、铜、钴、钼、金、铅、锌、水晶成矿区(Ⅲ-90),构造上属于武夷-云开-台湾造山系五指山岩浆弧五指山褶冲带琼西岩浆弧,区域上经历了3个发展阶段及相应的构造运动:长城纪—志留纪,为陆缘裂解、俯冲增生和碰撞造山发展阶段,经历了中岳、晋宁、加里东等构造运动,形成复理石建造和火山碎屑岩建造;泥盆纪—早三叠世,广泛发育碳酸盐岩建造和碎屑岩建造,经历了海西期和印支早期构造运动;中三叠世—第四纪为大陆边缘活动带发展阶段,经历了印支中晚期、燕山期和喜马拉雅期等构造运动。

本区遭受一系列构造运动和多期次岩浆活动的影响,形成区域性东西向九所-陵水和尖峰-吊罗深大断裂。构造形迹穿插交错,其中断裂构造最为发育,其次为褶皱构造。断裂构造形迹主要有(近)东西向、北东向、北北东—近南北向断裂,局部发育北西向断裂。

2. 预测工作区遥感特征

1) 区域地质构造遥感特征

乐东尖峰-千家预测工作区位于海南岛西南部,区内大面积为印支期尖峰岭钾长花岗岩体占据,岩体的西北、东北和东南三面为奥陶系南碧沟组、下志留统陀烈组、上白垩统报万组以及长城系抱板群等地层环绕。奥陶系南碧沟组和下志留统陀烈组因尖峰岭岩体的侵位破坏而支离破碎,其中陀烈组千枚岩、含碳千枚岩是区内金矿赋矿层位。尖峰岩体分布区是寻找钨、锡、铅、锌矿的重要靶区。经室内的图像地质解译,结合野外地质验证,初步建立起了乐东尖峰-千家预测工作区主要地质体ETM遥感影像解译标志(图5-16,表5-15)。

图 5-16 乐东尖峰-千家预测工作区遥感影像图

表 5-15 乐东尖峰-千家预测工作区主要地质体 ETM(R5G4B3)影像遥感解译标志简表

岩类	时代	解译标志					主要岩性
		形态	色调	影纹	地貌	水系	
沉积岩	Q	带状、片状,边界不规则	草绿色、浅粉红色、灰白色	不显或较单一	以滨海平原和山前洪积阶地为主,少数为山间盆地	水系稀疏,以树枝状、平行状为主	松散砂土、砂、砾
	E+N	似椭圆形	深绿色、灰色	蠕虫状、姜状	丘陵地貌为主	树枝状	砂土、黏土、亚砂土
	K	带状、长条状、片状,多呈直线边界	墨绿色、深绿色、草绿色、粉红色、米黄色	斑点状、橘皮状、蠕虫状、斑块状、条带状、梳状	阳江、雷鸣、王五红盆为丘陵地貌,白沙红盆以低—中山地貌为主	树枝状为主,局部有扇状、平行状	砂岩、砂砾岩

续表 5-15

岩类	时代	解译标志					主要岩性
		形态	色调	影纹	地貌	水系	
侵入岩	燕山晚期	片状复式大岩基,边界不规则;长条状岩墙,边界较规则	黄绿色—墨绿色、粉红色	不均匀块状、羽状、带状	中低山、丘陵	树枝状,局部钳状	二长花岗岩、花岗闪长岩、钾长花岗岩、花岗岩
	印支期	片状、带状或长条状,边界多圆滑	草绿色为主,局部墨绿色、粉红色、米黄色	羽状、带状、斑块状	中低山地貌为主,局部为高山	树枝状,局部放射状	二长花岗岩、花岗岩

遥感影像上预测工作区地貌特点鲜明,预测工作区西侧为滨海平原地貌区,主要为第四纪松散沉积,影像上呈浅红色。预测工作区西南有白垩纪地层分布,呈红褐色调。预测工作区中部的尖峰岩体地形起伏较大,呈现隆起,植被覆盖较好,遥感影像呈墨绿色,沟谷较窄,棱角分明。在遥感影像上北东向、北西向及南北向线性构造发育,其中前两组线性构造构成尖峰岭大菱形构造。此外,还解译出 38 个环形构造(图 5-17)。

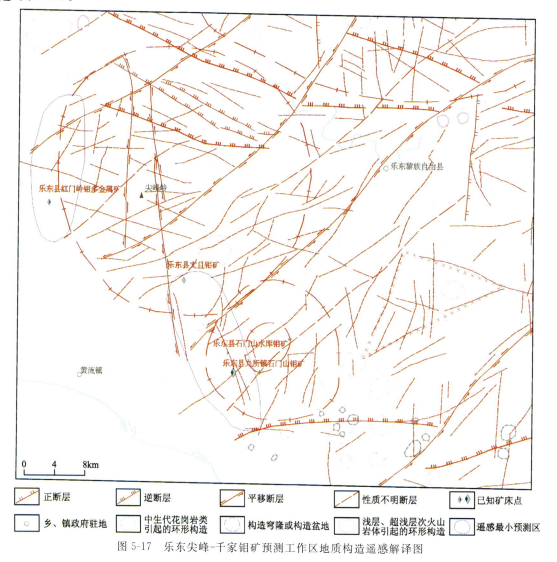

图 5-17 乐东尖峰-千家钼矿预测工作区地质构造遥感解译图

区内主要线性构造中,北东向断裂带有新开田-大炎新村断裂带,南北向断裂带有鸡实-霸王岭断裂带、抱伦断裂带;北西向断裂带有尖峰-吊罗断裂带。主要断裂遥感特征描述如下。

(1)新开田-大炎新村断裂带:分布于白沙坳陷带西侧,在影像上形迹清晰。断裂带总体走向北东,切过古生代地层、海西期—印支期花岗岩,并控制白沙坳陷带白垩纪盆地沉积和分布,又切过下白垩统鹿母湾组。沿断裂带断续可见挤压破碎带,形成硅化角砾岩、糜棱岩,并有燕山晚期岩脉或石英脉充填。

(2)抱伦断裂带:在影像上呈现明显的线性影像特征,该带与北北西断裂构造交会部位,控制着与印支期岩浆热液作用有关的金矿分布。

(3)尖峰-吊罗断裂带:横贯尖峰岩体,遥感影像上清晰呈线性影纹。沿该构造带展布范围内的花岗岩体中都见到有东西向破裂面构成的挤压破碎带。这些现象说明该构造带中海西期、印支期和燕山期有强烈活动,并表现为压性或扭压性特征。

乐东尖峰-千家预测工作区环形构造主要发育在尖峰岩体周围。根据遥感解译所反映的环形影像,结合地质资料,对这些环形影像进行分类、解释如下。

(1)构造穹隆或构造盆地:这类环形影像共解译出5个,其中的元门环形影像和石门山环形影像,面积较大,为圆形状环,边界清楚,环内细脉状影纹,分布中生代岩体。

(2)浅层、超浅层次火山岩体引起的环形构造:发现有2处,该环形构造影像标志清晰,面积较小,个体均为小圆环。

(3)中生代花岗岩类引起的环形构造:此类环形影像共解译出17个,面积大小不一,其中的不磨和猴狝岭两个环形影像规模较大,形迹清晰。

(4)火山口:预测工作区内火山口非常发育,共解译出14个,面积一般较小,呈小圆环状。火山活动不仅给成矿提供了赋存空间,而且由于它与岩浆的渊源关系,矿质来源丰富。

主要的环形构造遥感特征见表5-16。

表5-16 乐东尖峰-千家钼矿预测工作区主要环形影像解译简表

编号	名称	面积(km²)	影像特征	地质特征	成因推测
1	石门山环形影像	214	影像清晰,外环为椭圆状,长轴呈北西向,内有5个圆形小环,水系不发育	环中出露燕山晚期千家岩体,北北西向及南北向断裂发育,石门山钼、铅锌矿床,看树岭银矿床及后万岭铅锌矿床所在地	千家岩体的不同单元
2	不磨环形影像	24	影像清晰,圆形状单环,半弧状山体明显,水系不发育,多呈线状	环内出露长城系抱板群黑云斜长片麻岩,二云母片岩及中元古代花岗岩;发育有北东向及东西向断裂;不磨金矿床及公爱金矿点所在地	长城系抱板群、断裂构造
3	猴狝岭环形影像	16	影像清晰,圆形状环,有一小环叠加,中心为山脊,具放射性水系,条带状影纹	西北部出露下志留统陀烈组千枚岩、板岩,东南部出露下白垩统鹿母湾组砂岩、砂砾岩	断裂构造
4	元门环形影像	13	影像清晰,圆形状环,边界清楚,环内细脉状影纹	环内分布下白垩统鹿母湾组砂岩、砂砾岩	陨石造成的坳陷

2)遥感异常特征

遥感羟基异常图斑共有5945个,其中一级异常744个,二级异常1974个,三级异常3227个;遥感铁染异常图斑共有 3038 个，其中一级异常 326 个，二级异常 1005 个，三级异常 1707 个。根据异常集中分布程度、所处的地质构造环境等，对异常信息进行分析、筛选，共圈定出 12 处羟基异常带，6 处铁染异常带。预测工作区主要异常特征见表 5-17。

表 5-17　海南省乐东尖峰-千家预测工作区主要遥感异常特征简表

编号	异常名称	异常类别	主要异常特征	地质特征	区域矿产
1	南法-秋挺异常带	羟基异常	呈北东向展布，强度较强，没有明显的浓集中心，异常分布比较均匀	主要分布于下白垩统鹿母湾组	与已知矿点吻合程度不高
2	生旺村异常带	羟基异常	异常沿北东向次级构造分布，遥感羟基异常强度强，浓集中心位于生旺村西南部	浓集中心主要位于第四系更新统北海组和长城系峨文岭组	与已知矿点吻合程度不高
3	白穴异常带	羟基异常	异常强度强，呈南北向展布	主要分布于第四系更新统北海组	与已知矿点吻合程度不高
4	三平-永红异常带	羟基异常	异常零星分布，没有明显的浓集中心，强度较弱	主要分布于更新统（未分），下白垩统鹿母湾组和早二叠世（角闪石）黑云母二长花岗岩	与已知矿点吻合程度不高
5	尖峰异常带	羟基异常	呈北东向展布，强度不强，零星分布	主要分布于三叠纪第四期正长花岗岩和三叠纪第三期中粗粒斑状黑云母正长花岗岩	与已知矿点吻合程度不高
6	大安异常带	铁染异常	呈北东向展布，没有明显的浓集中心，强度中等	主要分布于早二叠世（角闪石）黑云母二长花岗岩，早三叠世碱长花岗岩以及晚三叠世角闪石黑云母正长花岗岩	与已知矿点吻合程度不高
7	佛罗异常带	铁染异常	呈北西向展布，强度较强，均匀分布，面积较大	主要分布于第四系更新统北海组，三叠纪第三期中粗粒斑状黑云母正长花岗岩	与已知矿点吻合程度不高
8	志仲异常带	羟基异常	异常零星分布，面积较大，没有明显的浓集中心，强度较弱	主要分布于早二叠纪世（角闪石）黑云母二长花岗岩，早二叠世石英闪长岩和早二叠世石英闪长岩	与已知矿点吻合程度不高
9	千家异常带	羟基异常	呈北东向展布，强度较强，没有明显的浓集中心	主要分布于晚白垩世二长花岗岩，正长花岗岩	铅锌矿
10	九所异常带	铁染异常	分布均匀，强度中等	主要分布在第四系更新统北海组和全新统（未分）	与已知矿点吻合程度不高

海南省乐东尖峰-千家预测工作区遥感异常在区内反映不明显，分布零散，主要分布于早二叠世（角闪石）黑云母二长花岗岩和第四系更新统北海组中。预测工作区矿产资源分布与异常无明显的相关性，

遥感羟基、铁染异常大多为信息意义不明。铁染异常多呈片状分布在地层岩性发育地区，羟基异常多由沿海片状分布的黏土类矿物引起。羟基铁染蚀变组合信息主要分布于沿海和河谷河漫滩地区。在预测工作区西面的第四纪滨海平原区和西南侧的白垩纪地层分布区，也有羟基、铁染异常浓集。在预测工作区已知矿点中，矿点与铁染羟基异常套合度不高（图5-18）。

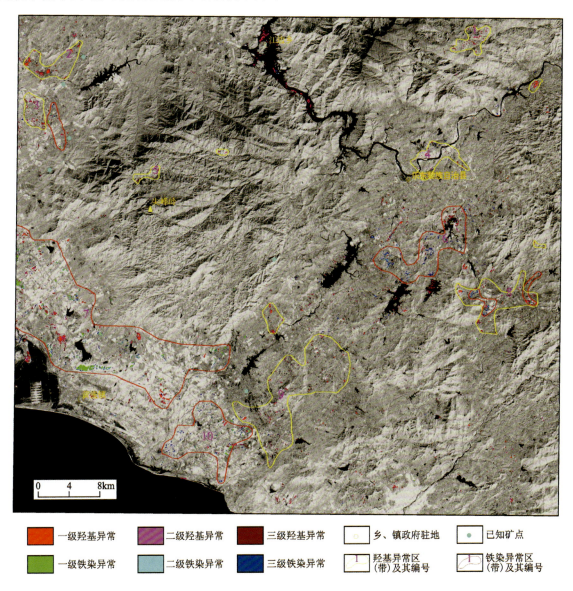

图 5-18 乐东尖峰-千家钼矿预测工作区遥感异常分布图

4. 遥感在矿产预测中的作用分析

乐东尖峰-千家预测工作区中已发现钼矿床(点)4处，其中，中型矿床1处，小型矿床2处，矿化点1处，其成因类型均为斑岩型。这些矿床均处于线环交会部位，石门山钼铅锌多金属矿处于由千家花岗岩体引起的环形构造边部，报告村钼矿和红门岭钼钨矿处于尖峰花岗岩体引起的环形构造中。遥感影像标志主要为环形构造及线性构造，反映成矿信息的组合形式主要为环环组合、线环组合，形式有两环相交、两环相切、同心环、线环相切等，在环环相交及线环相交的叠加部位，应是成矿的有利地段。以上述标志的组合以及已有的矿产地为依据，本预测工作区圈定出遥感最小预测区2处（表5-18）。

表 5-18　乐东尖峰-千家预测工作区最小预测区特征表

图元编号	名称	矿床类型	预测矿种	判别依据	地质背景
1	尖峰	园珠顶式斑岩型	钼矿	断裂:北东向,控矿断裂 主要矿产:钼矿	构造位置:华南褶皱系五指山褶冲带。三叠纪第三期中粗粒斑状黑云母正长花岗岩;三叠世第四期正长花岗岩;早二叠世(角闪石)黑云母二长花岗岩;第四系更新统北海组:亚砂土、砂、含玻璃陨石砂砾
2	千家	园珠顶式斑岩型	钼矿	环要素:中生代花岗岩类引起的环形构造、构造穹隆或构造盆地 断裂:北东向、北西向两组,控矿断裂 主要矿产:钼矿	构造位置:华南褶皱系五指山褶冲带。晚白垩世二长花岗岩;长城系戈枕村组:黑云斜长片麻岩、混合片麻岩、混合花岗闪长岩;第四系更新统北海组:亚砂土、砂、含玻璃陨石砂砾;下志留统陀烈组:变质石英细砂岩、粉砂岩、碳质板岩、碳质千枚岩、绢云板岩、千枚岩

(三)同安岭-牛腊岭钼矿预测工作区

1. 地质构造背景

同安岭-牛腊岭钼矿预测工作区分布在岛南部的三亚、保亭、乐东等市县内,面积约 1980km²。预测工作区的范围在空间上对应于同安岭-牛腊岭火山盆地,属华南成矿省(Ⅱ-16)海南铁、铜、钴、钼、金、铅、锌、水晶成矿区(Ⅲ-90),构造上横跨五指山岩浆弧和三亚地体。矿区处于武夷-云开-台湾造山系三亚地体北缘。区域上受东西向九所-陵水深大断裂带控制,区域地层简单,以白垩纪火山岩为主,火山口构造发育,岩浆活动频繁,具较好的成矿地质背景。

本区的成矿作用主要受燕山晚期(白垩纪)的构造岩浆活动控制。在白垩纪时期,因岩石圈减薄,软流圈物质上涌、地幔熔融及其与地壳物质相互作用,引发火山喷发及有关的岩体侵位,从而形成一系列与燕山晚期火山-岩浆热液等有关的金、银、铁、铜、铅、锌、钼、钨、锡等矿产。矿产地主要分布在南好断陷、同安岭-牛腊岭火山岩盆及燕山晚期千家复式岩体中。

2. 预测工作区遥感特征

预测工作区遥感影像图的编制选用的是陆地卫星 ETM 图像数据中的波段 B5、B4 和 B3,分别赋予 R、G、B 的波段组合方案,并与 B8 融合,达到 15m 的分辨率,基本能满足预测工作区的要求。在此种光谱波段组合中,基本囊括了电磁频谱中的可见光、近红外和短波红外 3 个不同的光谱波段信息,其效果最佳,反差适中,色彩丰富,信息量大,能对区内的主要地面覆盖类型进行有效的区分。在 ETM5(R)、ETM4(G)、ETM3(B)图像上,植被呈绿色,裸地及建筑物呈紫红色,水体呈深蓝色调。调查区植被、水系发育,在 TM543 假彩色合成影像上,影像以绿色至墨绿色为主色调,色调不均匀,分布红色、紫红色斑块,形成花斑状影纹结构。调查区西北部为尖峰岭-牛腊岭岩浆岩山地丘陵区,深切沟谷发育,影像呈浅绿色至绿色,条带状、斑块状影纹,立体感强。调查区中部是琼中混合花岗岩山地丘陵区,影像呈淡红色,块状影纹,河网不发育。调查区西部是罗山-同安岭岩浆岩山地丘陵区,呈绿色块状影纹。调查区西南部的保城岩体界线清晰,以浅色调为主,地势平坦。西南部为第四纪滨海平原区,松散沉积物呈现影纹较细,水系发育,大部分地区开垦成农田,其影像多呈规则的长方形、正方形及条块状影纹。一般裸地及建筑物呈紫红色,沟谷地区为淡红色,山体显绿色、黄绿色,水系为不规则的点状及格状水系(图 5-19)。

图 5-19 同安岭-牛腊岭钼矿预测工作区遥感影像图

1) 区域地质构造遥感特征

同安岭-牛腊岭钼矿预测工作区位于岛西南部,植被发育,在遥感影像上色调呈绿色基本色调。地貌和水系在不同构造层中反映特征则特别明显,如第四纪构造层分布于预测工作区西部沿海地区,以浅红色调为主,地势平坦,河湖众多,沟道弯曲,树枝状水系发育,而新生代火山岩则以蓝色、深绿色为主,地势平坦,蠕虫状斑点影纹。经室内的图像地质解译,结合野外地质验证,初步建立起了同安岭-牛腊岭钼矿预测工作区主要地质体 ETM 遥感影像解译标志(表 5-19)。

表 5-19 同安岭-牛腊岭钼矿预测工作区主要地质体 ETM(R5G4B3)影像遥感解译标志简表

岩类	时代	解译标志					主要岩性
		形态	色调	影纹	地貌	水系	
沉积岩	Q	带状、片状,边界不规则	草绿色、浅粉红色、灰白色	不显或较单一	以滨海平原和山前洪积阶地为主,少数为山间盆地	水系稀疏,以树枝状、平行状为主	松散砂土、砂、砾
	E+N	似椭圆形	深绿色、灰色	蠕虫状、姜状	丘陵地貌为主	树枝状	砂土、黏土、亚砂土
	K	带状、长条状、片状,多呈直线边界	墨绿色、深绿色、草绿色、粉红色、米黄色	斑点状、橘皮状、蠕虫状、斑块状、条带状、梳状	以低—中山地貌为主	树枝状为主,局部有扇状、平行状	砂岩、砂砾岩

同安岭-牛腊岭钼矿预测工作区线、环构造发育,断裂形迹明显。区内共解译出线性构造 122 条,环形构造 47 个。线性构造以北东向为主,东西向和南北向次之(图 5-20),其中北东向断裂带主要有乐东-黎母山断裂带和抱伦断带,断裂带由多条断层组成,断层迹象清楚;东西向有九所-陵水断裂带;南北向断裂带有番阳-高峰断裂带和毛阳-荔枝沟断裂带,形迹清晰。根据解译,岭曲铜矿与南好振海山-摩天岭铜矿有线、环两要素存在。线要素代表断裂构造导矿、控矿、成矿和容矿作用,环要素说明有岩浆活动,提供成矿物质来源。工作区遥感块、带、色要素特征不明显。

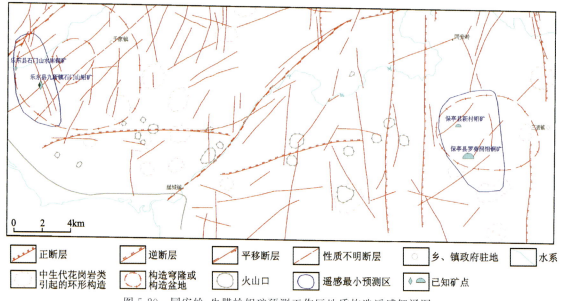

图 5-20　同安岭-牛腊岭钼矿预测工作区地质构造遥感解译图

主要断裂构造遥感特征如下。

(1)九所-陵水断裂带:位于预测工作区北部,该带在影像上主要呈现中生代火山岩的同安岭、牛腊岭沿断裂带分布。该带上有金、多金属矿分布。

(2)抱伦断裂带:位于预测工作区西南侧,在影像上呈现明显的线性影像特征,该带与北北西向断裂带构造交会部位,控制着与印支期岩浆热液作用有关的金矿分布。

(3)乐东-黎母山断裂带:沿着预测工作区西南端向东北部延伸,为白沙坳陷带与五指山隆起区的分界。该带构造形迹线性影像特征属全省较为清晰的构造带之一,在影像上呈色调异常带。带内化探异常较多,主要控制铅、锌、钨、锡、萤石矿的分布。

同安岭-牛腊岭钼矿预测工作区环形构造非常发育,本次共解译出 47 个。根据遥感解译所反映的环形影像,结合地质资料,对这些环形影像进行分类、解释如下。

(1)构造穹隆或构造盆地:这类环形影像共解译出 3 个,其中的石门山环形影像和南林环形影像面积较大,为圆形状环,边界清楚,环内细脉状影纹,分布中生代岩体。

(2)浅层、超浅层次火山岩体引起的环形构造:此类环形影像较为发育,发现有 4 处,主要沿着鸡实-霸王岭断裂带发育,该环形构造影像标志清晰,面积较小,个体均为小圆环。

(3)中生代花岗岩类引起的环形构造:此类环形影像非常发育,共解译出 22 个,面积大小不一,色调一般较暗,其中的高峰环形影像为复合环,面积较大,形迹清晰。

(4)火山口:预测工作区内火山口非常发育,共解译出 18 个,面积一般较小,呈小圆环状。火山活动不仅给成矿提供了赋存空间,而且由于它与岩浆的渊源关系,矿质来源丰富,预测工作区大量的矿化已说明了这一点。

主要的环形构造遥感特征见表 5-20。

表 5-20　同安岭-牛腊岭钼矿预测工作区主要环形影像解译简表

编号	名称	面积(km²)	影像特征	地质特征	成因推测
1	南林环形影像	102	影像清晰,等圆形环中叠有小环,内有环状山,水系不发育,呈分支状	处于海西期二长花岗岩、花岗闪长岩与同安岭火山岩接触部位	中酸性火山岩边界

续表5-20

编号	名称	面积(km²)	影像特征	地质特征	成因推测
2	高峰环形影像	16	影像清晰,呈等圆形单环,环中心为一北东向的山背,具放射状水系	处于燕山期二长花岗岩与同安岭火山岩接触部位。汤他大岭磁铁矿点所在地	中酸性火山岩,火山机构边界
3	石门山环形影像	214	影像清晰,外环为椭圆状,长轴呈北西向,内有5个圆形小环,水系不发育	环中出露燕山晚期千家岩体,北北西向及南北向断裂发育,石门山钼、铅锌矿床,看树岭银矿床及后万岭铅锌矿床所在地	千家岩体的不同单元

2)遥感异常特征

遥感羟基异常图斑共有2039个,其中一级异常280个,二级异常694个,三级异常1065个;遥感铁染异常图斑共有843个,其中一级异常85个,二级异常272个,三级异常486个。预测工作区矿产资源分布与异常无明显的相关性,根据异常集中分布程度、所处的地质构造环境等,对异常信息进行分析、筛选,共圈定出5处羟基异常带,2处铁染异常带。预测工作区主要异常特征见表5-21。

表5-21 海南省同安-牛腊岭预测工作区主要遥感异常特征简表

编号	异常名称	异常类别	主要异常特征	地质特征	区域矿产
1	山鸡田-抱伦农场异常带	羟基异常	异常零星分布,没有明显的浓集中心,强度中等	主要分布于晚白垩世花岗闪长岩、二长花岗岩	与已知矿点吻合程度不高
2	志仲异常带	羟基异常	异常零星分布,面积较大,没有明显的浓集中心,强度较弱	主要分布于早二叠世(角闪石)黑云母二长花岗岩,早二叠世石英闪长岩	与已知矿点吻合程度不高
3	加茂异常带	羟基异常	异常零星分布,面积较大,没有明显的浓集中心,强度中等	主要分布于晚白垩世花岗闪长岩	金矿
4	佛罗异常带	铁染异常	呈北西向展布,强度较强,均匀分布,面积较大	主要分布于第四系更新统北海组,三叠纪第三期中粗粒斑状黑云母正长花岗岩	与已知矿点吻合程度不高
5	九所异常带	铁染异常	分布均匀,强度中等	主要分布在第四系更新统北海组和全新统(未分)	与已知矿点吻合程度不高
6	千家异常带	羟基异常	呈北东向展布,强度较强,没有明显的浓集中心	主要分布于晚白垩世二长花岗岩、正长花岗岩	铅锌矿
7	三道异常带	羟基异常	呈东西向展布,零星分布,异常面积不大,强度较弱	主要分布于早白垩世花岗闪长岩	与已知矿点吻合程度不高
8	文门异常带	羟基异常	呈东西向展布,在异常带的西端异常较集中,强度较强	主要分布于早侏罗世二长花岗岩和早白垩世二长花岗岩	与已知矿点吻合程度不高
9	落笔洞-新村异常带	铁染异常	呈北东向展布,零星分布,没有明显的浓集中心,强度较弱	主要分布于中奥陶统榆红组—尖岭组	水泥用灰岩

海南省同安岭-牛腊岭钼矿预测工作区遥感异常在区内反映不明显,分布零散。遥感铁染异常大多信息意义不明,羟基异常为无指示意义的异常(伪异常),铁染异常多呈片状分布在地层岩性发育地区,羟基异常多由沿海片状分布的黏土类矿物引起。羟基-铁染蚀变组合信息主要分布于西部沿海和河谷河漫滩地区,沿崖城-千家的沿海地带呈北西向分布。在工作区西部和西南部的玄武岩地区也有异常浓集。在预测工作区已知矿点中,矿点与铁染羟基异常套合度不高(图5-21)。

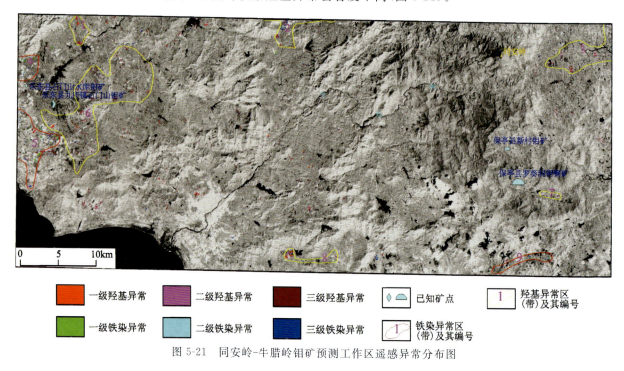

图5-21 同安岭-牛腊岭钼矿预测工作区遥感异常分布图

3. 遥感在矿产预测中的作用分析

同安岭-牛腊岭预测工作区钼矿预测类型为热液型,共有钼矿床(点)4处,其中大型1处,其余3处为矿化点。钼矿床(点)均位于与花岗岩体有关的环形构造边缘部位,地幔相对隆起的活动过渡带,火山口构造出现的部位;火山口相的中下部层;中酸性岩浆岩发育区,中浅成花岗岩上侵可能出现的前缘;面形蚀变发育区,特别是石英细脉带广泛分布部位。遥感影像标志主要为环形构造及线性构造,反映成矿信息的组合形式,主要为环环组合、线环组合,形式有两环相交、两环相切、同心环、线环相切等,在环环相交及线环相交的叠加部位,应是成矿的有利地段。以上述标志的组合和已有的矿产地为依据,本预测工作区圈定出遥感最小预测区1处(表5-22)。

表5-22 同安岭-牛腊岭钼矿预测工作区最小预测区特征表

图元编号	名称	矿床类型	预测矿种	判别依据	地质背景
1	同安	罗葵洞式火山岩型	钼矿	环要素:构造穹隆或构造盆地 断裂:北东向、北西向两组,控矿断裂 主要矿产:钼矿	构造位置:华南褶皱系五指山褶冲带。晚白垩世二长花岗岩;晚白垩世正长花岗岩;第四系更新统北海组:亚砂土、砂、含玻璃陨石砂砾

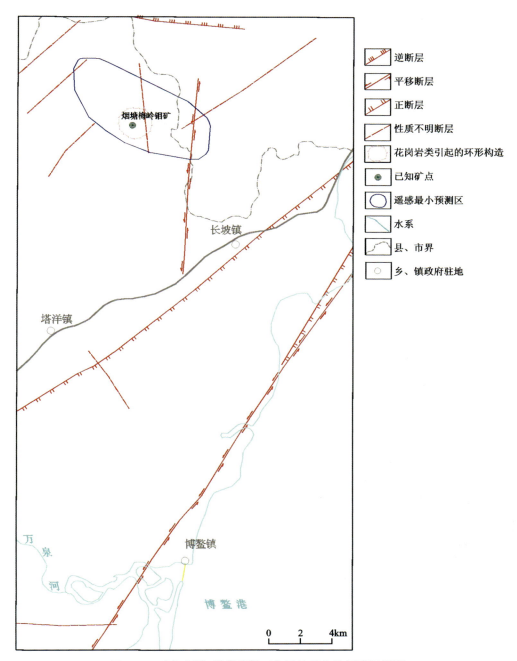

图 5-23 琼海烟塘-塔洋预测工作区地质构造遥感解译图

表 5-24 海南省琼海烟塘-塔洋预测工作区主要遥感异常特征简表

编号	异常名称	异常类别	主要异常特征	地质特征	区域矿产
1	重兴异常带	羟基异常	呈南北向展布,零星分布,没有明显的浓集中心	主要分布于长城系抱板群	与已知矿点吻合程度不高
2	东坡村异常带	羟基异常	异常零星分布,没有明显的浓集中心,强度较弱	主要分布于中侏罗世花岗岩	与已知矿点吻合程度不高
3	甲罗雷村异常带	羟基异常	呈北东向展布,均匀分布,没有明显的浓集中心,强度中等	主要分布于长城系抱板群	与已知矿点吻合程度不高

续表 5-24

编号	异常名称	异常类别	主要异常特征	地质特征	区域矿产
4	双泮水外村异常带	铁染异常	呈北西向零星分布,强度较弱	分布于第四系更新统八所组、北海组和全新统烟墩组	与已知矿点吻合程度不高
5	大礼昌异常带	铁染异常	呈北西向展布,没有明显的浓集中心,强度中等	分布于中侏罗世花岗岩中	与已知矿点吻合程度不高
6	加炉村-龙眼村异常带	羟基异常	呈北西向展布,没有明显的浓集中心,强度较弱	主要分布于长城系抱板群和第四系更新统北海组	与已知矿点吻合程度不高
7	竹史萝异常带	铁染异常	呈北东向展布,强度中等,没有明显的浓集中心	分布在第四系全新统烟墩组	与已知矿点吻合程度不高
8	良田-新试异常带	铁染异常	呈北东向带状展布,强度中等,在良田到宋园一带异常较浓集,强度较强	主要分布于第四系更新统北海组和下三叠统岭文组	与已知矿点吻合程度不高
9	南面村-留客村异常带	铁染异常	呈北西向展布,强度中等,浓集中心不明显	主要分布于全新统(未分)	与已知矿点吻合程度不高

海南省琼海烟塘-塔洋预测工作区遥感异常在区内反映不明显,主要分布于第四系更新统北海组和长城系抱板群中。大多数异常无明显指示意义,在预测工作区已知矿点中,矿点与铁染羟基异常套合度不高(图 5-24)。

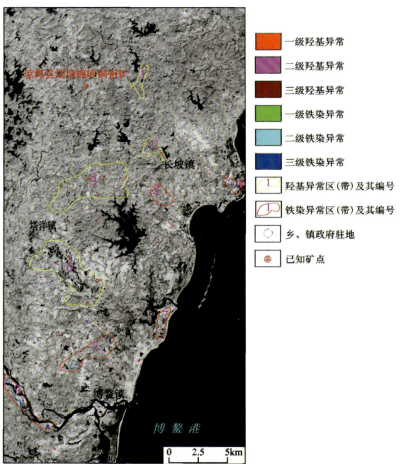

图 5-24 琼海烟塘-塔洋预测工作区遥感异常信息图

3.遥感在矿产预测中的作用分析

琼海烟塘-塔洋预测工作区中已发现钼矿床(点)1处,为小型矿床,其成因类型均为斑岩型。该矿床处于低缓且平稳的负磁场中。其找矿标志为爆破角砾岩筒、黑云母化、绢云母化、石英化、碳酸盐化、绿泥石化、绿帘石化、黄铁矿化、硬石膏化、沸石化、葡萄石化。

区内地质构造较为简单,遥感带、块、色要素特征不显,仅见少量线性构造和1个环形构造,且线性构造大多性质不明。环形构造是梅岭爆破角砾岩筒的分布范围,是找矿的有利地段。遥感近矿找矿标志为线性构造与环形构造的组合。以已知矿产地结合环形构造为依据,本预测工作区圈定出遥感最小预测区1处(表5-25)。

表5-25 琼海烟塘-塔洋预测工作区最小预测区特征表

图元编号	名称	矿床类型	预测矿种	判别依据	地质背景
1	烟塘	园珠顶式斑岩型	钼矿	环要素:新生代花岗岩类引起的环形构造 断裂:南北向,控矿断裂 主要矿产:钼矿	构造位置:兴蒙褶皱系内蒙褶皱带。长城系抱板群:云母石英片岩、长石石英岩、黑云斜长片麻岩;晚白垩世花岗闪长岩;新近系中新统—上新统石马村组—石门沟组:玻基橄辉岩、橄榄玄武岩、辉斑橄榄玄武岩、粗玄岩

二、典型钼矿床遥感地质特征分析

海南岛迄今已发现的钼矿床(点)共有10个,其中大型矿床1个、中型矿床4个、小型矿床3个。钼矿种主要为辉钼矿,次为铜钼矿、钼钨矿。含矿地层/岩石主要为燕山晚期的花岗闪长岩、二长花岗岩、斜长花岗斑岩、花岗斑岩、正长花岗岩等,另外还包括三叠纪正长花岗岩、花岗斑岩(红门岭钼钨矿)以及燕山晚期白垩纪火山岩系(罗葵洞钼矿)。总体来看,海南省钼矿资源具有如下特征:

(1)钼矿资源在各构造单元中的分布并不均衡,这表现为已知的钼矿床(点)主要集中分布于琼西岩浆弧和三亚地体,其中以九所-陵水深大断裂带南、北两侧附近最为集中,全岛大中型规模以上钼矿绝大多数均分布在此区域,包括1个大型矿床,4个中型矿床,1个小型矿床,仅高通岭钼矿、梅岭铜钼矿分布在琼东陆内盆地内。

(2)海南岛钼矿化规模不大,省内已发现的矿床中,仅罗葵洞钼矿床预测资源量达大型,其余均为中小型矿床或矿化点。

(3)现有资料显示,海南岛钼矿床(点)可归纳为3种类型,即斑岩型、热液脉型(狭义)和陆相火山岩型。

(4)海南岛钼矿分布相对集中,主要分布于海南岛尖峰-吊罗深大断裂带南部,自西向东展布于九所-陵水深大断裂带的两侧中酸性岩体中,中部和东部分别仅有一个小型矿床(中部为高通岭钼矿,东部为梅岭铜钼矿),显示成因上与九所-陵水深大断裂带有密切的关联性。

(一)海南省乐东县报告园珠顶式斑岩型钼矿

1.地质特征

1)地质背景

矿区处于武夷-云开-台湾造山系五指山岩浆弧五指山褶冲带琼西岩浆弧南部,燕山期强烈活动的东西向尖峰-吊罗山构造岩浆活动带南侧。

2) 成矿地质环境

矿区位于尖峰-吊罗、九所-陵水东西向深断裂间的西端,亚南甫复背斜北部,控制具辉钼矿化的文旦-冲卒岭-石门斜长花岗斑岩体和石门山矿区隐伏深部斜长花岗斑岩脉分布的南北向冲卒岭扭张性断裂的北西端。

3) 蚀变类型及其分布

矿区除斜长花岗斑岩中发现钼矿化外,岩石的蚀变主要是硅化、钾化、黑云母化、云英岩化、黄铁矿化,其次是绢云母化、绿泥石化、绿帘石化、高岭土化、碳酸盐化等。这些蚀变总的特点是受构造裂隙控制,形成典型的线型蚀变,当裂隙发育密集时,蚀变也随着增强,各种蚀变分布虽较为普遍,但与钼矿化关系较为密切的为硅化,其次是钾化、云英岩化。

4) 找矿标志

斑岩体及绢英岩化、钾化、硅化等是本区寻找钼矿的重要标志。

2. 典型矿床遥感资料研究

矿区除发育规模较大的区域性冲卒岭扭张性断裂带和大村韧性糜棱岩带以外,还发现规模较小的南北向、东西向、北东向、北西向、北西西向断裂构造,以及错综复杂的裂隙、节理构造。矿区内出露大面积中元古界抱板群、下古生界下志留统陀烈组,岩浆岩仅在矿区西北角小面积出露,为印支期尖峰岩体南缘和燕山期侵入岩浆形成小岩体。

矿区遥感线、环构造发育,块、带要素不明显。环形构造是含矿斜长花岗斑岩的分布范围,是找矿的有利地段。色调异常为浅色调,与周边色调有明显差异,沿断裂带分布。矿区内遥感羟基、铁染异常信息不明显,无明显指示意义。该类型钼矿的遥感近矿找矿标志为线性构造与环形构造、色要素的叠加(图 5-25)。

图 5-25 乐东县报告村钼矿床遥感解译图

(二) 海南省乐东县石门山圆珠顶式斑岩型钼矿

1. 地质特征

1) 地质背景

矿区处于武夷-云开-台湾造山系五指山岩浆弧五指山褶冲带琼西岩浆弧南部,千家岩体西南部,燕山期强烈活动的东西向尖峰-吊罗山构造岩浆活动带南测,九所-陵水东西向深大断裂带北侧。

2) 蚀变类型及其分布

钼、多金属矿床中,作为矿体主要围岩的中粒斑状黑云母二长花岗岩的热液蚀变强烈,它表现在垂直方向和水平方向上均存在着较明显的围岩蚀变与矿化的分带现象。

3) 找矿标志

北北东—近南北向张性断裂;云英岩化的中粒斑状黑云母二长花岗岩;云英岩体、云英岩化带和绢云母化带等。

2. 典型矿床遥感资料研究

矿区遥感线性、环形构造发育,块、带要素不明显。环形构造是千家岩体的范围,是找矿的有利部位。色调异常为浅色调,与周边色调有明显差异。矿区内遥感羟基、铁染异常信息不明显,无实际指示意义。本区该类型钼矿的遥感近矿找矿标志为北北东—近南北向线性断裂与环形构造及色要素叠加(图5-26)。

图 5-26　海南省乐东县石门山钼矿区遥感解译图

(三)海南省乐东县尖峰红门岭园珠顶式斑岩型钼矿

1. 地质特征

1)地质背景

矿区处于武夷-云开-台湾造山系五指山岩浆弧五指山褶冲带琼西岩浆弧南部,尖峰-吊罗深大断裂带西段东西向横穿尖峰岩体的重要部位。

2)成矿地质环境

矿区处于尖峰-吊罗深大断裂带西段,全为多期次侵入形成的岩浆岩、岩脉分布。由于海西、印支、燕山多期岩浆活动频繁,岩体内低序次的北北西向、南北向、北北东向、东西向的断裂较发育,区内钼、钨、铅、锌多金属矿化较普遍,并富集成工业矿床。钼钨多金属矿床明显地受岩体(脉)接触带和低序次压扭性断裂的制约。矿区构造主要表现为岩浆岩体固结后的断裂和节理较发育。根据区域构造体系分析,应归属为与东西向构造体系配套的东西向张性断裂、晚期新华夏构造体系的区域性北北东向扭张性断裂及其派生的低序次和低级别的近南北向、北东向、北北西向压扭性断裂,构成矿区构造的基本轮廓。

3)蚀变类型及其分布

矿体顶、底板围岩主要为花岗闪长岩、花岗斑岩,局部为闪长玢岩。围岩蚀变主要有钾长石化、黄玉云英岩化、硅化、高岭土化等,蚀变作用普遍较弱。其中以钾长石化、高岭土化蚀变范围广,为典型的面型蚀变;绢云母化虽也为面型蚀变,但范围小,分布不均匀;硅化基本属于线型蚀变。以上4种蚀变均与钼矿化有关,其中以钾长石化、硅化与矿化关系最为密切。

4)找矿标志

含云母石英脉;钾化、硅化、绢英岩化、黄铁化、绿泥化和高岭土化等蚀变带;闪长玢岩脉发育地段;低序次的断裂构造带。

2. 典型矿床遥感资料研究

矿区影像采用IKONOS多光谱B3、B2、B1及近红外波段组合+全色波段赋色合成,空间分辨率为1m。矿区植被高度覆盖,影像以墨绿色为主色调。矿区位于尖峰岩体边部,线性体较为发育,共解译出3条北东向线性构造,性质不明。影像上钨钼矿开采痕迹清晰,能解译出开采场和闭弃采区,矿区东侧还发育有乐东县尖峰丁司山钨矿点,在影像上也清晰可辨(图5-27)。

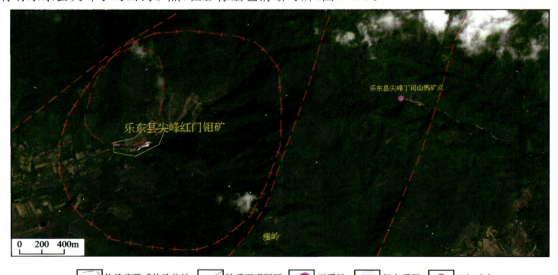

图5-27 乐东县尖峰红门钼矿区遥感解译图

矿区块、带要素不明显。环形构造与线性构造的交会部位是找矿的有利地段。色调异常为浅色调，与周边色调有明显的差异。区内遥感羟基、铁染异常信息不明显，无明显指示意义。遥感近矿找矿标志为北东向线性构造与环形构造、色要素的叠加，在矿区沿北北西向、近南北向及北北东向构造带形成钼多金属矿床。

（四）海南省屯昌县高通岭白石嶂式脉型钼矿

1. 地质特征

1）地质背景

矿区处于武夷-云开-台湾造山系五指山岩浆弧五指山褶冲带琼西岩浆弧，昌江-琼海深大断裂带的南侧。区域上以大面积出露岩浆岩为特征，无地层出露。

2）成矿地质环境

矿区岩浆活动强烈、频繁，岩浆岩分布面积广，侵入岩期次主要是晚三叠世和早白垩世，以酸性岩体侵入为主，其次为中—酸性岩脉侵入。蚀变较为普遍，常见硅化、黄铁矿化、绿泥石化、绢云母化、方解石化等，其中与钼矿化关系密切的主要是硅化和黄铁矿化。

3）找矿标志

北西向张性断裂；硅化、黄铁矿化。

2. 典型矿床遥感资料研究

屯昌县高通岭钼矿区位于昌江-琼海深大断裂带的南侧。区域上以大面积出露岩浆岩为特征，无地层出露。从 SPOT-5 影像影像上看，矿床所在地区褶皱舒缓，断裂不发育。农耕痕迹明显，在影像上显示为块状影纹，以绿色、灰白色块为主。矿区遥感线、环、块、带要素均不明显。矿区采场为浅色调，与周边色调有明显差异。矿区内遥感羟基、铁染异常信息不明显，无明显指示意义。矿区遥感近矿找矿标志主要为色要素（图 5-28）。

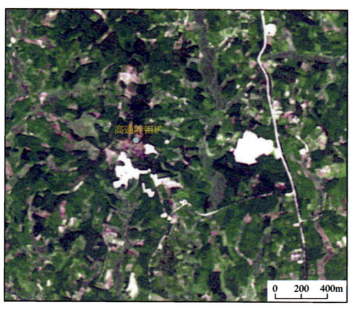

图 5-28　屯昌县高通岭钼矿区遥感影像图

(五)海南省陵水英州龙门岭白石障式脉型钼矿

1. 地质特征

1)地质背景

矿区处于武夷-云开-台湾造山系五指山岩浆弧五指山褶冲带琼东盆地,位于东西向九所-陵水断裂带南侧。区内最古老的地层是长城系抱板群的云母石英片岩,其次是寒武系孟月岭组—大茅组的含磷、硅质的碳酸盐岩和页岩及陆源碎屑岩组成的一套浅海相地层,经历加里东运动褶皱抬升之后,于二叠纪—白垩纪(海西期—燕山期)又经历多次中酸性(少量基性)岩浆侵入以及白垩纪的内陆盆地沉积和陆相火山喷发沉积,到第三纪—第四纪还有滨海-浅海相砂泥沉积物。该区褶皱和断裂构造比较发育,以磷矿为代表的沉积成矿作用和铁、钼、铜、铅、锌、金、地热为代表的内生成矿作用比较明显,具备较好的成矿地质条件。

(2)找矿标志

直接找矿标志:绢英岩化、黄铁矿化、硅化、钾化、绿泥化和高岭土化等蚀变带及土壤地球化学 Mo 异常带;间接找矿标志:闪长玢岩脉发育地段,低序次呈北东走向的断裂构造带。

2. 典型矿床遥感资料研究

矿区位于东西向九所-陵水断裂带南侧。矿区岩体内低序次的北东向、北西向、东西向的断裂较发育。钼多金属矿床明显受北东向断裂及岩体(脉)接触带和低序次压扭性断裂的控制,其中以低序次、低级别的北东向断裂为主要控矿构造。

矿区内感块、带、环等要素不明显,仅有少量的线性构造。色调异常为浅色调,与周边色调有明显差异。矿区内遥感羟基、铁染异常信息不明显,无明显指示意义。遥感近矿找矿标志为北东走向线性构造与色要素的组合(图 5-29)。

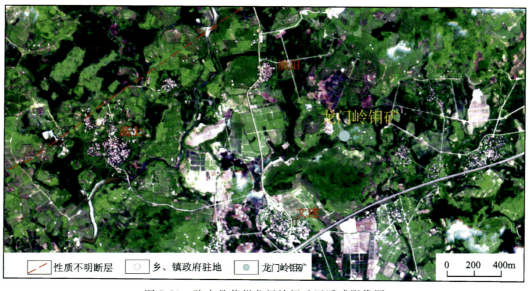

图 5-29 陵水县英州龙门岭钼矿区遥感影像图

（六）海南省琼海市烟塘梅岭园珠顶式斑岩型钼矿

1. 地质特征

1）地质背景

矿区处于武夷-云开-台湾造山系五指山岩浆弧五指山褶冲带，位于东西向昌江-琼海断裂带北侧。区内出露的地层主要有中元古界长城系抱板群，下古生界志留系，中生界三叠系和白垩系，新生界第三系和第四系。区内构造主要断裂构造有3组，南北向铺前-长坡断裂、蓬莱-烟塘断裂，东西向昌江-琼海深大断裂和重兴-烟塘断裂、东岭山断裂，北西向青岭-东岭山断裂。

2）成矿地质环境

矿区主要为梅岭爆破角砾岩筒，位于烟塘花岗闪长岩体内，区内晚期的花岗闪长斑岩岩株、岩脉也比较发育（以下分别简称梅岭岩筒、烟塘岩体和斑岩）。此外在矿区的东北角出现有小范围的混合质片麻岩、玄武岩和松散的砂砾岩。按断裂方向矿区主要有4组断裂，即南北向、东西向、北东向和北西向。矿区范围内出露的侵入岩有燕山第二期花岗闪长岩及其同源的后期花岗闪长斑岩。角砾岩筒的出露范围，北起梅岭西侧，南至城园村，东到后埔村，西至泗村一带。平面呈南北向似菱形状。南北长980m，东西最宽处700m，面积0.45km²。

3）蚀变类型及其分布

矿区内热液蚀变类型有黑云母化、绢云母化、石英化、碳酸盐化、绿泥石化、绿帘石化、黄铁矿化、硬石膏化、沸石化、葡萄石化等。其中以绢云母化、石英化、绿泥石化、绿帘石化、碳酸盐化和黑云母化较重要。上述蚀变主要发生于岩筒内，在岩筒外的花岗闪长岩中虽普遍见有绿泥石化、绿帘石化、碳酸盐化和黄铁矿化，但蚀变很微弱。第一期侵入斑岩具有较强烈的绢云母化，它主要产生于岩筒形成之前，第三期侵入斑岩面目还不清，仅部分钻孔见绢云母化和绿泥石化。根据蚀变矿物组合和蚀变强弱程度，将本区蚀变岩石粗略划分为黑云母化带、绢云母化带和青磐岩化带。

4）找矿标志

爆破角砾岩筒；黑云母化、绢云母化、石英化、碳酸盐化、绿泥石化、绿帘石化、黄铁矿化、硬石膏化、沸石化、葡萄石化。

2. 典型矿床遥感资料研究

在RapidEye影像上矿区农耕痕迹明显，显示为块状影纹，以绿色、灰白色块为主。矿区遥感线、环要素发育，块、带、色要素不明显。矿区内共解译出1个环形构造和2条线性构造。环形构造是梅岭爆破角砾岩筒的分布范围，是找矿的有利地段。遥感近矿找矿标志为线性构造与环形构造的组合（图5-30）。

（七）海南省保亭县罗葵洞火山岩型钼矿

1. 地质特征

1）地质背景

矿区处于武夷-云开-台湾造山系五指山岩浆弧五指山褶冲带，位于东西向九所-陵水断裂带中段南侧。早白垩世同安岭陆相火山岩被南缘。区内主要发育中—酸性火山岩及中酸性侵入岩，仅在区域东南侧有少量早古生代砂、页岩及灰岩出露。区域构造以线性构造和环形构造为主，褶皱构造仅见于区域南端古生代地层中，属大茅-三亚倒转复式向斜的一部分。区内岩浆岩发育，矿区几乎被深—中深成中

图 5-30 琼海市烟塘梅岭铜钼矿遥感影像图

酸性岩体包围。其中,东部及北部分布有海西期—印支期形成的花岗岩及混合花岗岩;南部分布有燕山晚期石牛岭花岗岩;中部分布有燕山中晚期花岗岩、花岗闪长岩。区内还有似斑状花岗岩及石英正长岩呈小岩株或岩舌出现,常与区内钼矿化关系密切。

2)成矿地质环境

矿区出露的岩石均为侵位深度不同的岩浆岩。其中火山岩占矿区面积的2/3,中深—浅成侵位的酸性、中酸性、偏碱性侵入岩占矿区面积的1/3。区内构造主要由火山口构造和线性构造组成。线性构造主要有北西向、北东向、近东西向及近南北向4个方向。而且矿区内岩浆岩十分发育,根据其侵位深度不同,可分为喷出岩、侵入岩及脉岩三大类。喷出岩是区内分布最广的岩石,形成时代为燕山晚期、早白垩世。主要岩石类型有流纹质碎斑熔岩、流纹质角砾熔岩、英安质凝灰熔岩、流纹质熔结凝灰岩、熔结角砾岩、安山岩及安山质角砾岩。其中流纹质角砾熔岩,是本区钼矿的主要赋矿围岩。矿区侵入岩主要分布在东南部及东部,有中粗粒花岗岩、似斑状花岗岩、花岗闪长岩及石英正长岩4种。区内出露的脉岩主要有辉绿岩、安山玢岩、英安斑岩及石英脉4类。

3)蚀变类型及其分布

本区矿体与围岩没有明显界线。矿体与围岩、矿体与夹石,需用样品分割界定。因此,本区围岩与矿石一样可分为4类,即流纹质火山岩类围岩、安山质火山岩类围岩、英安质火山岩类围岩、似斑状花岗岩围岩。工业矿层与低品位矿层围岩相同。罗葵洞钼矿床围岩蚀变不十分强,蚀变连续性较差,是其一大特点之一。矿区常见的蚀变有硅化、钾化、黄铁矿化、绢云母化、绢英岩化、云英岩化、黑云母化、绿帘石化、次闪石化、绿泥石化、碳酸盐化等几种,局部尚有叶蜡石化、萤石化。本矿区蚀变从火山口相,由内向外大致可分为不十分明显的4个带,即强硅化蚀变带、硅钾化蚀变带、硅化蚀变带、绿帘石-绿泥石化带,上述各蚀变带之间,在空间上没有严格的界线,仅是蚀变类型和金属硫化物组合上有一定的差异。钾化、硅化带与钼矿化范围相重叠,是直接的找矿标志。

4)找矿标志

地幔相对隆起的活动过渡带,火山口构造出现的部位;火山口相的中下部层;中酸性岩浆岩发育区,中浅成花岗岩上侵可能出现的前缘;面形蚀变发育区,特别是石英细脉带广泛分布部位。

2. 典型矿床遥感资料研究

矿区遥感线、环、带要素发育。区内构造主要由火山口环形构造和线性构造组成。线性构造主要有北西向、北东向、近东西向及近南北向4个方向。环形构造与线性构造的交会部位是找矿的有利地段。矿区内遥感羟基、铁染异常信息不明显,无明显指示意义。遥感近矿找矿标志为火山口环形构造、中酸性岩浆岩发育区和构造破碎带以及遥感带要素的叠加(图5-31)。

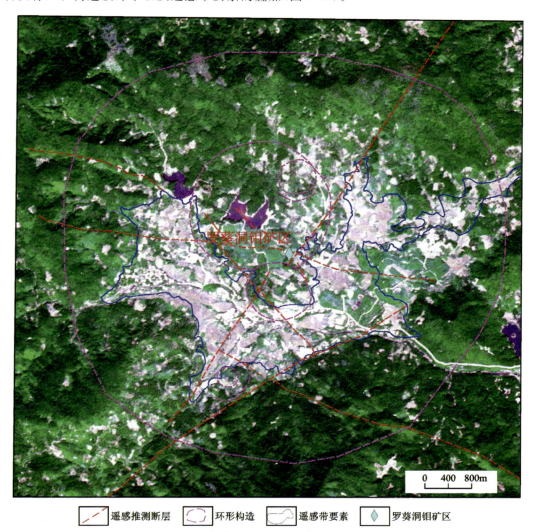

图5-31 保亭县罗葵洞钼矿床遥感解译图

第三节 锰矿预测遥感资料应用成果研究

海南岛迄今已发现的锰矿床(点)共有2个,其中小型矿床1个,矿化点1个。锰矿主要产出于三亚大茅洞、红花岭一带,为典型的海相沉积成因。锰矿种主要为菱锰矿、软锰矿、锰方解石、黑镁铁锰矿,局部见硬锰矿。含矿地层主要为中寒武统大茅组。海南省锰矿资源具有如下特征:

(1)锰矿资源在各构造单元中的分布极不均衡,已知的锰矿床(点)主要集中分布于三亚地体铁、磷、锰多金属成矿亚带(Ⅲ-90-Ⅳ-53-Ⅴ-17大茅铁、磷、锰矿田),晴坡岭复式向斜的两翼,全岛锰矿床资源量绝大多数均分布在此区域,有大茅磷锰矿床;琼西岩浆弧内有一矿化点,琼东陆内盆地、雷琼裂谷构造单元均无锰矿化点分布。

(2)海南岛锰矿化规模不大,省内已发现的矿床中,仅大茅磷锰矿床规模达到小型,另一锰矿产地为矿化点。

(3)现有资料显示,海南岛锰矿床(点)可归纳为海相沉积型、沉积变质型两种类型。

(4)空间分布上,海相沉积型和沉积变质型锰矿属共伴生矿产。锰矿资源量绝大部分分布在三亚地体中,另有一矿化点分布于昌江县(琼西岩浆弧)。

(5)锰矿床(点)成矿时代相对较集中,其形成与海相-滨海相沉积有关。成矿时代为加里东期,成因上与寒武纪含磷锰岩系沉积密切相关;期间形成了大茅式磷锰矿床,在此之后又受到加里东期褶皱变形和变质作用、燕山期断块抬升和岩浆侵入作用的影响。

(6)预测类型为大茅式沉积型磷锰矿床的资源量居大多数,成因上与沉积密切相关,空间分布严格受复式倒转褶皱、逆冲断裂带控制,矿体一般赋存于中寒武统大茅组中,呈似层状、透镜状产出,矿床形成与寒武纪含磷锰岩系沉积作用有关,成矿时代均为中寒武世。

一、锰矿预测工作区遥感地质特征分析

海南省的锰矿主要分布在岛南部三亚、陵水、保亭等市县内。本省锰矿按成因类型只有沉积变质型一种,即大茅式沉积型磷锰矿。海南省成矿预测组划分的锰矿预测类型及预测方法见表5-26。

表5-26 海南省锰矿预测类型一览表

矿床预测类型	基底建造	矿种	典型矿床	构造分区名称	成矿构造时段	分布范围	预测方法类型
大茅式沉积型磷锰矿床	中元古界抱板群	锰、磷矿(共生)	大茅磷锰矿	三亚地体(Ⅱ)	震旦纪	三亚市田独地区大茅组与奥陶纪地层(下伏的大茅组)的分布范围	沉积型

根据锰矿床的分布情况,在海南岛中划定三亚大茅一个锰矿预测工作区(见图5-2)。锰矿预测工作区遥感地质特征描述如下。

1. 地质构造背景

三亚大茅磷锰矿预测工作区分布在岛南部的三亚、陵水、保亭等市县内,面积约1700km²。海南省大茅式海相沉积岩型磷锰矿预测工作区位于海南岛南部,地理上对应于三亚市。大地构造位置为印支板块(一级构造单元)所属三亚地体。预测工作区位于北东东向九所-陵水深大断裂带南侧。区内早古生代地层呈孤立片状散布于中生代花岗岩中,整体呈北东-南西向,褶皱和断裂极为发育。本区的成矿作用主要分为两种类型:一种是与岩浆作用密切相关的矽卡岩型矿床,如田独铁矿;另一种是与早古生代被动大陆边缘沉积相关的矿产,主要为磷、锰矿,如大茅洞、红花岭等。后者是本书所关注的矿产类型,主要与海相沉积相关,成矿时代主要为寒武纪。

2. 预测工作区遥感特征

三亚大茅磷锰矿预测工作区东部为陵水-榆林沿海平原变质岩山地丘陵区,呈红色—灰白色,河网发育,细斑状影纹夹块状影纹。西部为罗山-同安岭岩浆岩山地丘陵区,呈红色—深红色,块状影纹,河网不发育,立体感较强。第四纪构造层分布于预测工作区东部和南部沿海地区,以浅红色调为主,地势平坦,河湖众多,沟道弯曲,树枝状水系发育(图5-32)。经室内的图像地质解译,结合野外地质验证,初

第五章　省级遥感资料矿产资源潜力预测与评价　　·85·

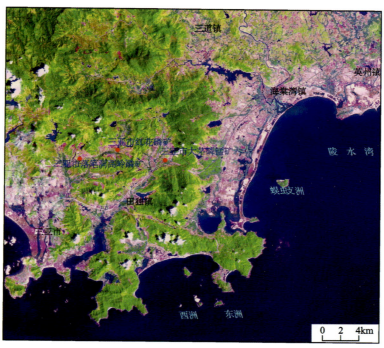

图 5-32　三亚大茅预测工作区遥感影像图

步建立起了三亚大茅磷锰矿预测区主要地质体 ETM 遥感影像解译标志(表 5-27)。

表 5-27　三亚大茅磷锰矿预测工作区主要地质体 ETM(R5G4B3)影像遥感解译标志简表

岩类	时代	解译标志					主要岩性
		形态	色调	影纹	地貌	水系	
沉积岩	Q	带状、片状,边界不规则	草绿色、浅粉红色、灰白色	不显或较单一	以滨海平原和山前洪积阶地为主,少数为山间盆地	水系稀疏,以树枝状、平行状为主	松散砂土、砂、砾
	E+N	似椭圆形	深绿色、灰色	蠕虫状、姜状	丘陵地貌为主	树枝状	砂土、黏土、亚砂土
	K	带状、长条状、片状,多呈直线边界	墨绿色、深绿色、草绿色、粉红色、米黄色	斑点状、橘皮状、蠕虫状、斑块状、条带状、梳状	阳江、雷鸣、王五红盆为丘陵地貌,白沙红盆以低—中山地貌为主	树枝状为主,局部有扇状、平行状	砂岩、砂砾岩
侵入岩	燕山早期	复式岩基呈片状、椭圆状,边界多呈圆滑的长条形	墨绿色—草绿色,局部粉红色	带状、斑块状,局部羽状	中低山、丘陵	树枝状,局部平行状、钳状	钾长花岗岩、二长花岗岩
	印支期	片状、带状或长条状,边界多圆滑	草绿色为主,局部墨绿色、粉红色、米黄色	羽状、带状、斑块状	中低山地貌为主,局部为高山	树枝状,局部放射状	二长花岗岩、花岗岩

1) 区域地质构造特点及其遥感特征

三亚大茅预测工作区线性、环形构造较为发育，共解译出线性构造 24 条，环形构造 14 个。线性构造主要分为东西向、南北向等（图 5-33），其中有东西向九所-陵水断裂带、南北向什运断裂和毛阳-荔枝沟断裂带，形迹清晰。

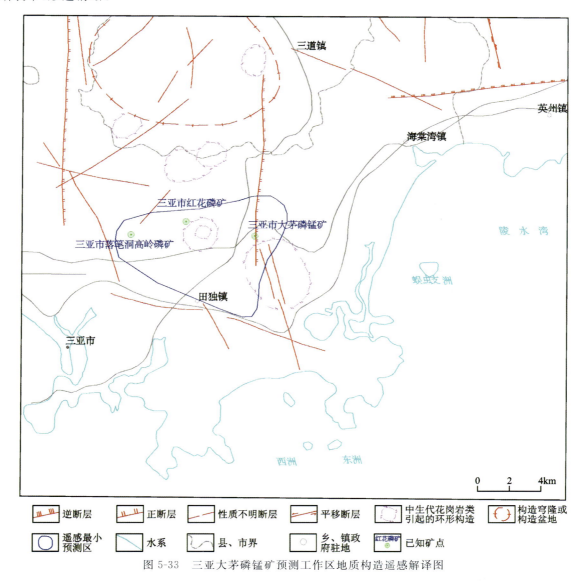

图 5-33　三亚大茅磷锰矿预测工作区地质构造遥感解译图

主要断裂构造遥感特征如下。

（1）九所-陵水断裂带：该带在影像上主要呈现中生代火山岩的同安岭、牛腊岭沿断裂带分布。该带上有金、多金属矿分布。

（2）毛阳-荔枝沟断裂带：发育于预测工作区西北部，表现为一条宽达 3km 的挤压破碎带，主要沿荔枝沟-死马岭东西向山谷展布，主体部分被覆盖，仅有零星出露，根据地层展布，长达约 10km。总体产状走向东西，倾向北，倾角 82°。沿断裂带挤压破碎、挤压片理、裂隙、充填石英脉等发育，并具矽卡岩化及金、锡等多金属矿化。

三亚大茅磷锰矿预测工作区环形构造非常发育，共解译出 7 个。根据遥感解译所反映的环形影像，结合地质资料，对这些环形构造影像进行分类、解释。

①构造穹隆或构造盆地：这类环形影像共解译出 1 个，位于东方-元门地区，面积较大，为圆形状环，

边界清楚,环内细脉状影纹,分布中生代岩体。

②浅层、超浅层次火山岩体引起的环形构造:此类环形构造较为发育,发现有4处,主要沿着鸡实-霸王岭断裂带发育,该环形构造标志清晰,面积较小,个体均为小圆环,环内印支期二长花岗岩出露。

③中生代花岗岩类引起的环形构造:此类环形影像共解译出2个,面积大小不一,色调一般较暗,南林环形影像形迹较为清晰。

主要环形构造遥感特征见表5-28。

表5-28 三亚大茅磷锰矿预测工作区主要环形影像解译简表

编号	名称	面积(km²)	影像特征	地质特征	成因推测
1	南林环形影像	102	影像清晰,等圆形环中叠有小环,内有环状山,水系不发育,呈分支状	处于海西期二长花岗岩、花岗闪长岩与同安岭火山岩接触部位	中酸性火山岩边界
2	上湾环形影像	13	影像清晰,圆形状环,边界清楚,环内细脉状影纹	环内分布中酸性火山岩	中酸性火山岩边界

2)遥感异常特征

遥感羟基异常图斑共有1043个,其中一级异常129个,二级异常348个,三级异常566个;遥感铁染异常图斑共有692个,其中一级异常69个,二级异常208个,三级异常415个。预测工作区矿产资源分布与异常无明显的相关性,根据异常集中分布程度、所处的地质构造环境等,对异常信息进行分析、筛选,共圈定出6处羟基异常带,1处铁染异常带。预测工作区主要遥感异常特征见表5-29。

表5-29 海南省三亚大茅预测工作区主要遥感异常特征简表

编号	异常名称	异常类别	主要异常特征	地质特征	区域矿产
1	走所村异常带	羟基异常	呈东西向展布,强度较强,集中分布在异常带的两端和中部	主要分布于晚二叠世(角闪石)黑云母二长花岗岩	与已知矿点吻合程度不高
2	三道异常带	羟基异常	呈东西向展布,零星分布,异常面积不大,强度较弱	主要分布于早白垩世花岗闪长岩	与已知矿点吻合程度不高
3	赤田异常带	羟基异常	呈北西向展布,强度较强	主要分布于晚二叠世(角闪石)黑云母二长花岗岩和第四系更新统北海组	与已知矿点吻合程度不高
4	俄仔-军屯异常带	羟基异常	呈北西向展布,零星分布,异常面积不大,强度较弱	主要分布于第四系全新统烟墩组	与已知矿点吻合程度不高
5	英州异常带	羟基异常	呈北西向展布,强度较强,在中部异常较集中,强度较强	主要分布于第四系全新统烟墩组和北海组	与已知矿点吻合程度不高
6	新村异常带	羟基异常	呈南北向展布,零星分布,没有明显的浓集中心,强度较弱	主要分布于第四系更新统八所组和北海组	与已知矿点吻合程度不高
7	落笔洞-新村异常带	铁染异常	呈北东向展布,零星分布,没有明显的浓集中心,强度较弱	主要分布于中奥陶统榆红组—尖岭组	三亚市红花磷矿、落笔洞高岭磷矿

海南省三亚大茅预测工作区遥感异常在区内分布零散,主要分布于早二叠世二长花岗岩和沿海第四系以及中奥陶统榆红组中。经与部分已知矿点进行比对,发现大多数异常与已知矿点吻合程度不高,已知矿床点中仅有三亚市红花磷矿和落笔洞高岭磷矿位于落笔洞-新村异常带中(图5-34)。

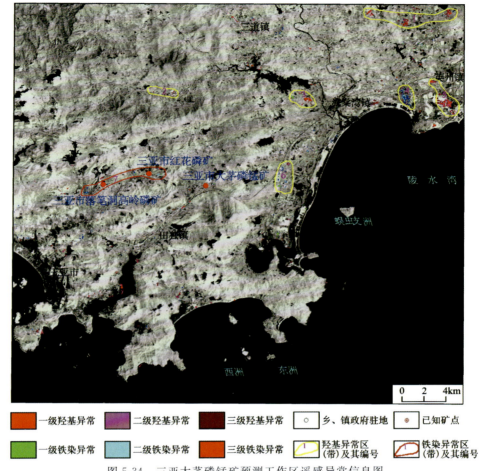

图 5-34 三亚大茅磷锰矿预测工作区遥感异常信息图

3. 遥感在矿产预测中的作用分析

三亚大茅预测工作区中存在锰矿（点）3 处，其中，小型矿床 1 处，矿化点 2 处，均为海相沉积型。找矿标志：大陆边缘大陆架；滨海、浅海相的海盆环境和海滩环境；含磷锰碎屑沉积岩系；硅质岩。遥感影像标志主要为环形构造及线性构造，反映成矿信息的组合形式主要为环环组合、线环组合，形式有两环相交、两环相切、同心环、线环相切等，在环环相交及线环相交的叠加部位，应是成矿的有利地段。以上述标志的组合以及已有的矿产地为依据，本预测工作区圈定出遥感最小预测区 1 处（表 5-30）。

表 5-30 三亚大茅预测工作区最小预测区特征表

图元编号	名称	矿床类型	预测矿种	判别依据	地质背景
1	田独	大茅式沉积变质型	磷锰矿	断裂：南北向，控矿断裂 主要矿产：磷锰矿	构造位置：南海地台三亚台缘坳陷带。寒武系孟月岭组—大茅组：石英砂岩、粉砂岩、页岩、灰岩、白云岩、硅质岩、磷块岩；下中奥陶统大葵组—牙花组—沙塘组：石英砂岩、页岩、碳质页岩；早白垩世二长花岗岩

二、典型锰矿床遥感地质特征分析

海南岛锰矿的典型矿床分布在岛南部的三亚市大茅一带,仅有1处。其遥感地质矿产特征简述如下。

1. 典型矿床成矿地质特征

1)地质背景

海南省三亚大茅海相沉积型锰矿与三亚大茅海相沉积型磷矿共生,该矿床的遥感地质矿产特征与磷矿相同,矿区处于印支地块三亚地体的大陆边缘大陆架,东西向九所-陵水深大断裂带的南侧。

2)成矿地质环境

矿区位于印支地块三亚地体,大陆边缘构造环境-大陆架边缘浅海水域,处于中寒武统大茅岭组中。

3)蚀变类型及其分布

矿物重结晶作用明显,蚀变矿物有绢云母、铁的氧化物。

4)找矿标志

大陆边缘大陆架;滨海、浅海相的海盆环境和海滩环境;含磷锰碎屑沉积岩系,硅质岩。

2. 典型矿床遥感资料研究

矿区遥感线和环要素形迹清晰。线性构造以北北东走向为主,中生代花岗岩类引起的环形构造较为发育。矿区内遥感羟基、铁染异常信息不明显。遥感近矿找矿标志为环形构造与线性构造的交结部位(图5-35)。

图5-35 三亚大茅锰矿床遥感解译图

第四节 萤石矿预测遥感资料应用成果研究

海南岛萤石矿共8处矿产地,其中中型1处,小型5处,矿(化)点2处,由于什统萤石矿床是海南省发现的首例,其占海南省萤石矿产资源量的重要位置,所以海南省萤石矿产资源概况围绕什统矿床展开。萤石矿石的矿物成分较为简单,矿石矿物为萤石;脉石矿物以石英为主,次为少量的绢云母及碳酸盐类矿物。金属矿物含量甚微,其成分为黄铁矿及铁锰氧化物。含矿地层(岩体)主要为上石炭统青天峡组和中二叠世黑云母二长花岗岩。总体来看,海南省萤石矿资源具有以下特征:

(1)海南省萤石矿资源分布较为集中,已知的萤石矿床(点)主要集中分布于五指山褶冲带琼东陆内盆地,其中又以白沙盆地边缘断裂及其邻近的次级断裂较为集中,全岛萤石矿床绝大多数分布在此区域内。

(2)海南岛萤石矿化规模不大,迄今省内已发现的矿床中,还未有储量规模达到大型的,均以中小型矿床为主,海南岛萤石矿床(点)与我国东南沿海其他省份萤石矿床(点)在成因类型和成矿时代上有诸多相似之处,都具有成因类型比较单一、成矿时代相对集中的特点。

(3)空间分布上,预测工作区对应海南岛全岛,属华南成矿省(Ⅱ-16)海南铁、铜、钴、钼、金、铅、锌、水晶成矿区(Ⅲ-90)。海南岛预测工作区构造上纵跨五指山岩浆弧和三亚地体两个二级构造单元。什统式热液充填型萤石矿广泛分布于海南岛的中南部、中部和中西部地区,大地构造单元对应于五指山岩浆弧五指山褶冲带的琼西岩浆弧和琼东陆内盆地,在南部的三亚地体和北部的雷琼裂谷中则无脉状萤石矿化点分布,琼东陆内盆地区域上地层发育比较简单,断裂构造发育,侵入岩分布广泛,具有很好的成矿地质背景。

(4)矿床在成因上可能受印支、燕山两期构造运动和岩浆活动的影响,且燕山运动是导致成矿的关键因素,在此时代断裂构造活动发育,岩浆开始侵入含成矿物质的地层汲取成矿元素,从矿床的控矿因素可以看出,岩浆热液及热能沿导矿构造上升、运移并在移动的过程中同化混染附近灰岩中的 Ca 组分,使之形成岩浆期后富 F、Ca 热液沿断裂构造迁移,随着温度、压力的降低或其他物理化学条件的变化而在合适的位置富集成矿。

(5)成矿时代上,海南省萤石矿床(点)成矿时代相对较集中,主要为中生代晚期,萤石矿年龄为 70~100Ma,属晚白垩世,燕山运动的晚期成矿。

一、萤石矿预测工作区遥感地质特征分析

海南省的萤石矿主要分布在岛中西部,按成因类型只有什统式热液充填型一种。海南省成矿预测组划分的萤石矿预测类型及预测方法见表 5-31。

表 5-31　海南省萤石矿预测类型一览表

预测矿种	矿产预测类型	典型矿床	预测工作区范围	预测底图比例尺	底图类型
萤石	什统式热液充填型萤石矿	琼中什统萤石矿	海南岛预测工作区:E108°37′14″—111°02′40″;N18°08′58″—20°10′26″	1:10万	侵入岩浆构造图

根据萤石矿床的分布情况,圈定海南岛预测工作区,工作区覆盖了整个海南岛陆域范围(见图 5-2)。

1. 预测工作区地质构造背景及遥感特征

萤石矿的海南岛预测工作区与银矿的海南岛预测工作区范围相同,预测工作区地质构造背景和遥感地质矿产特征及遥感异常可参考本章第一节的内容,在此不重复叙述。

2. 遥感在矿产预测中的作用分析

海南岛预测工作区现已发现萤石矿床(点)8处,其中中型矿床1处,小型矿床5处,矿点2处。找矿标志:石英脉或石英萤石脉的地表露头;北东向断裂构造作为控矿构造;断裂带及其围岩的硅化、萤石化;岩体中或附近存在结晶灰岩。遥感影像标志主要为环形构造及线性构造,反映成矿信息的组合形式主要为环环组合、线环组合,形式有两环相交、两环相切、同心环、线环相切等,在环环相交及线环相交的叠加部位,应是成矿的有利地段。近矿找矿标志为构造破碎带及石英脉,以上述标志的组合以及已有的矿产地为依据,本预测区圈定出遥感最小预测区2处(表 5-32)。

表 5-32　海南岛预测工作区萤石矿最小预测区特征表

图元编号	名称	矿床类型	预测矿种	判别依据	地质背景
1	毛阳	南报式脉型	萤石矿	环要素：与浅层、超浅层次火山岩体引起的环形断裂：南北向、北东向两组，控矿断裂主要矿产：萤石矿	构造位置：华南褶皱系五指山褶冲带。中侏罗世花岗岩；晚二叠世（角闪石）黑云母二长花岗岩；晚三叠世石英正长岩
2	大安	南报式脉型	萤石矿	环要素：浅层、超浅层次火山岩体引起的环形断裂：北东向、北西向、东西向 3 组，控矿断裂主要矿产：萤石矿	构造位置：华南褶皱系五指山褶冲带。上白垩统报万组：长石砂岩、泥岩；早二叠世（角闪石）黑云母花岗闪长岩；三叠纪第三期中粗粒斑状黑云母正长花岗岩；全新统（未分）：砂砾、砂、黏土

二、萤石矿床遥感地质特征分析

1. 地质特征

1）地质背景

琼中什统萤石矿区处于武夷-云开-台湾造山系五指山岩浆弧五指山褶冲带，出露的地层有长城系抱板群(ChB)、上石炭统青天峡组(C_2q)及下白垩统鹿母湾组(K_1l)。区域构造以断裂构造为主，主要有北东向、北北西向、近东西向 3 组断裂，断裂带主要表现为碎裂岩化及充填中基性岩脉、石英脉、石英萤石脉等。其中北东向断裂在区域上自西南角至东北角贯穿本区，长度大于 40km，为乐东-黎母山断裂带的中段，倾向北西，倾角较陡，北西盘向北东斜滑，是白沙盆地边界断裂，本区萤石矿受控于该断裂旁侧的次级断裂中。

2）成矿地质环境

萤石矿体赋存于早二叠世中细粒黑云母二长花岗岩和上石炭统青天峡组结晶灰岩的北东向断裂破碎带中，受北东向断裂构造所控制。

3）找矿标志

石英脉或石英萤石脉的地表露头；北东向断裂构造；断裂带及其围岩的硅化、萤石化；岩体中或附近存在结晶灰岩。

2. 典型矿床遥感资料研究

矿区影像采用 IKONOS 多光谱 B3、B2、B1 及近红外波段组合＋全色波段赋色合成，空间分辨率为 1m。矿区植被高度覆盖，影像以墨绿色为主色调。在影像上多处矿产开采痕迹清晰可辨，呈现灰色、白色图斑。矿区仅解译出少量北东向的线性构造，带、块要素不明显。色调异常为浅色调，与周边色调有明显差异。该类型萤石矿的近矿找矿标志为北东向线性构造与色要素的组合（图 5-36）。

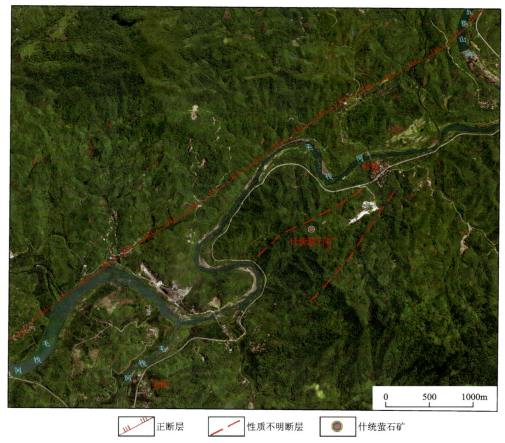

图 5-36 海南省什统热液充填型萤石矿典型矿床遥感解译图

第五节 硫铁矿预测遥感资料应用成果研究

一、硫铁矿预测工作区遥感地质特征分析

海南省的硫铁矿主要分布在岛西部和南部。本省硫铁矿按成因类型主要分为两大类：保亭情安岭硫铁矿和石碌式沉积变质型硫铁矿。海南省成矿预测组划分的硫铁矿预测类型及预测方法见表 5-33。

表 5-33 海南省硫铁矿预测类型一览表

预测矿种	矿产预测类型	典型矿床	预测工作区范围	预测底图比例尺	底图类型
硫	巷子口式矽卡岩型硫铁矿	保亭情安岭硫铁矿	保亭振海山-三亚红石预测工作区：E109°17′05″—109°32′12″；N18°26′57″—18°42′05″	1∶5万	侵入岩浆构造图
	石碌式沉积变质型硫铁矿	昌江石碌硫铁矿	昌江石碌预测工作区：E109°00′00″—109°14′28″；N19°09′35″—19°17′20″	1∶5万	变质建造构造图

根据不同类型硫铁矿床的分布情况,将全岛划分为昌江石碌和保亭振海山-三亚红石两个硫铁矿预测工作区(见图5-2)。各硫铁矿预测工作区遥感地质特征分述如下。

(一)昌江石碌预测工作区

1. 地质构造背景及遥感特征

昌江石碌硫铁矿预测工作区分布在岛西部的昌江、白沙、儋州、东方等市县内。由于石碌硫铁矿与铁铜银钴矿共伴生,昌江石碌预测工作区地质背景和遥感地质矿产特征及异常特征在银矿部分已经详细说明,在此不重复叙述。

2. 遥感在矿产预测中的作用分析

本预测工作区硫铁矿为石碌式沉积变质型硫铁矿。找矿标志:青白口系石碌群第六层,围岩为含透辉石透闪石白云岩,向斜的谷(槽)部或向斜轴部附近的层间剥离带或褶曲发育、形变强烈地段。该类型银矿的遥感近矿找矿标志为线性构造、环形构造以及色要素的叠加。色调异常为浅色调,与周边色调有明显差异。反映成矿信息的组合形式有线环相切等,在线环相交的叠加部位,应是成矿的有利地段。以上述标志的组合以及已有的矿产地为依据,本预测工作区圈定出遥感最小预测区1处(表5-34)。

表5-34 昌江石碌预测工作区硫铁矿最小预测区特征表

图元编号	名称	矿床类型	预测矿种	判别依据	地质背景
1	石碌	石碌式沉积变质型	硫铁矿	断裂:北东向,控矿断裂 主要矿产:硫铁矿	构造位置:华南褶皱系五指山褶冲带。青白口系石碌群:石英绢云片岩、石英岩、结晶灰岩、透辉透闪岩、白云岩、赤铁层;震旦系石灰顶组:含赤铁矿石英砂岩、石英岩、赤铁矿粉砂岩、泥岩;石炭系南好组—青天峡组:砾岩、含砾不等粒石英砂岩、砂岩、岩屑长石砂岩、板岩、结晶灰岩

(二)保亭振海山-三亚红石预测工作区

1. 地质构造背景

保亭振海山-三亚红石预测工作区分布在岛南部的三亚、乐东、保亭等市县内(见图5-2),面积约750km²。区域构造位置处于五指山隆起南部与三亚台缘坳陷带交界部位,夹持于尖峰-吊罗和九所-陵水两条东西向深大断裂带之间,为岗阜鸡倒转复式背斜分布区。区内主要出露志留纪和石炭纪地层,志留系自下至上有陀烈组变质粉砂岩、千枚岩、含碳千枚岩;空列村组千枚岩夹结晶灰岩、石英岩;大干村组结晶灰岩、千枚岩、变质砾岩,靠亲山组结晶岩、千枚岩、变质砂岩;足赛岭组千枚岩夹晶灰岩、含碳千枚岩。其中足赛岭组与铁、铜、铅、锌矿化关系密切。下石炭统南好组为板岩、变质粉砂岩、砾岩。志留系足赛岭组和石炭系南好组为主要含矿层位。倒转背斜西北部有海西期二长花岗岩,东南部为印支期二长花岗岩,燕山早期花岗岩,燕山晚期花岗闪长岩、石英闪长岩、闪长岩、花岗斑岩、石英斑岩。其中燕山期花岗斑岩与区内铁、铜、铅、锌、硫等矿化关系密切。区内褶皱、断裂构造发育,褶皱主要为岗阜鸡复式倒转背斜,斜贯全区,次一级褶皱有鹅格岭-空猴岭倒转向斜、那通岭-白土岭倒转背斜、什茂-情安岭倒转向斜、振海山倒转背,总体走向北东向,褶皱由奥陶纪、志留纪和早石炭世地层组成。断裂构造主要有北东—北北东向、近东西向及南北向 3 组,后者常有燕山晚期花岗斑岩、石英斑岩充填,前二者是区内主要控矿构造。

区内地质构造复杂,岩浆活动强烈而频繁,大小岩体广泛分布,岩浆期后热液活动十分活跃,从而形成了广泛而繁多的热液蚀变岩石。常见与矿化有关的热液蚀变有矽卡岩化、绿帘石化、阳起石化、云英岩化、硅化、绢云母化、绿泥石化、黄铁矿化、碳酸盐化等,上述热液蚀变可作为区内寻找铁、铜多金属矿的重要找矿标志。

2. 预测工作区遥感特征

保亭振海山-三亚红石预测工作区位于海南岛中南部的低山丘陵区,植被非常发育,在遥感影像上以绿色为基本色调,工作区西部有第四纪构造层分布,以浅色调为主,地势平坦,树枝状水系发育。新生代火山岩则以蓝色、深绿色为主,地势平坦,蠕虫状斑点影纹。区内主要经历了加里东运动、海西—印支运动、燕山运动和喜马拉雅运动,构造形迹穿插交错,其中线性、环形构造广泛发育。线性构造形迹主要由东西向、北东向及南北向组成。环形构造有多圈环带、单元环块、线环群等类型(图 5-37)。

1)区域地质构造遥感特征

保亭振海山-三亚红石预测工作区地貌和水系在不同构造层中反映特征特别明显,经室内的图像地质解译,结合野外地质验证,初步建立起了保亭振海山-三亚红石预测工作区主要地质体 ETM 遥感影像解译标志(表 5-35)。

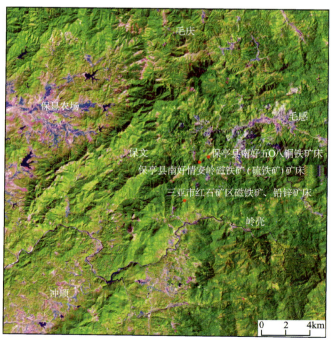

图 5-37 保亭振海山-三亚红石预测工作区遥感影像图

表 5-35　保亭振海山-三亚红石预测工作区主要地质体 ETM(R5G4B3)影像遥感解译标志简表

岩类	时代	解译标志					主要岩性
		形态	色调	影纹	地貌	水系	
沉积岩	Q	带状、片状，边界不规则	草绿色、浅粉红色、灰白色	不显或较单一	以滨海平原和山前洪积阶地为主，少数为山间盆地	水系稀疏，以树枝状、平行状为主	松散砂土、砂、砾
	E+N	似椭圆形	深绿色、灰色	蠕虫状、姜状	丘陵地貌为主	树枝状	砂土、黏土、亚砂土
	K	带状、长条状、片状，多呈直线边界	墨绿色、深绿色、草绿色、粉红色、米黄色	斑点状、橘皮状、蠕虫状、斑块状、条带状、梳状	以低—中山地貌为主	树枝状为主，局部有扇状、平行状	砂岩、砂砾岩

保亭振海山-三亚红石预测工作区线性、环形构造发育，断裂迹象明显。共解译出线性构造 51 条，环形构造 7 个。线性构造以北东向为主，东西向和南北向次之（图 5-38），主要有北东向乐东-黎母山断裂带，断裂带由多条断层组成，断层迹象清楚；南北向番阳-高峰断裂带和毛阳-荔枝沟断裂带，形迹清晰。线要素代表断裂构造导矿、控矿、成矿和容矿作用，环要素说明有岩浆活动，提供成矿物质来源。工作区遥感块、带、色要素特征不明显。

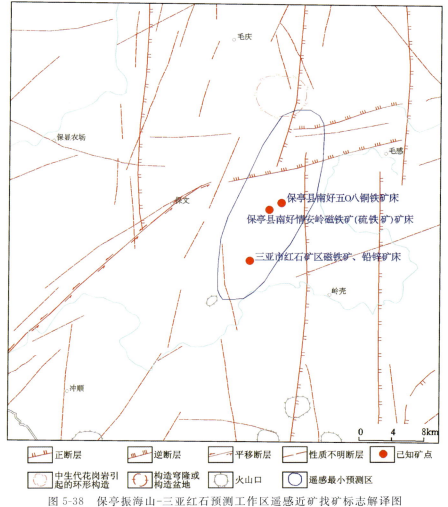

图 5-38　保亭振海山-三亚红石预测工作区遥感近矿找矿标志解译图

乐东-黎母山断裂带沿着预测工作区西南端向东北部延伸,为白沙坳陷带与五指山隆起区的分界。该断裂带构造形迹线性影像特征属全省较为清晰的构造带之一,在影像上呈色调异常带。带内化探异常较多,主要控制铅、锌、钨、锡、萤石矿的分布。

保亭振海山-三亚红石预测工作区环形构造比较发育,本次共解译出7个(图5-38)。根据遥感解译所反映的环形影像,结合地质资料,对这些环形构造影像进行分类、解释如下。

(1)构造穹隆或构造盆地:这类环形影像共解译出1个,环形影像面积较大,为圆形状环,边界清楚,环内细脉状影纹,分布中生代岩体。

(2)浅层、超浅层次火山岩体引起的环形构造:此类环形构造较为发育,发现有1处,该环形构造影像标志清晰,面积较小,个体为小圆环。

(3)中生代花岗岩类引起的环形构造:此类环形构造发育较少,共解译出1个,面积较大,色调发暗,其中的高峰环形影像为复合环,面积较大,形迹清晰。

(4)火山口:预测工作区火山口非常发育,共解译出4个,面积一般较小,呈小圆环状。

2)遥感异常特征

遥感羟基异常图斑共有310个,其中一级异常50个,二级异常95个,三级异常165个;遥感铁染异常图斑共有91个,其中一级异常8个,二级异常33个,三级异常50个。预测工作区矿产资源分布与异常无明显的相关性,根据异常集中分布程度、所处的地质构造环境等,共圈定出3处羟基异常,1处铁染异常。预测工作区主要异常特征见表5-36。

表5-36 海南省保亭振海山-三亚红石工作区主要遥感异常特征简表

编号	异常名称	异常类别	主要异常特征	地质特征	区域矿产
1	毛庆异常带	羟基异常	异常呈北西向带状展布,异常在两端较集中,强度中等	主要分布于早二叠世(角闪石)黑云母二长花岗岩	与已知矿点吻合程度不高
2	卡法岭林场异常带	羟基异常	异常近东西零星展布,强度较弱,面积较小	主要分布于中三叠世二长花岗岩	与已知矿点吻合程度不高
3	万河异常带	铁染异常	呈北东向展布,强度中等,浓集中心主要位于异常带的南端	分布于早二叠世(角闪石)黑云母二长花岗岩	与已知矿点吻合程度不高
4	志仲异常带	羟基异常	异常零星分布,面积较大,没有明显的浓集中心,强度较弱	主要分布于早二叠世(角闪石)黑云母二长花岗岩、石英闪长岩	与已知矿点吻合程度不高

海南省保亭振海山-红石预测工作区遥感异常在区内反映不明显,主要分布于早二叠世花岗岩中。羟基异常主要分布于工作区西部的保显农场地区,在保显农场地区和工作区北部、毛庆以西的山谷地带有铁染异常分布。羟基异常和铁染异常对硫铁矿的反映不明显,并且工作区的植被覆盖度高,这些因素都严重影响到蚀变异常信息的提取,因此在硫铁矿预测中其作用是有限的。在预测工作区已知矿点中,矿点与铁染羟基异常套合度不高(图5-39)。

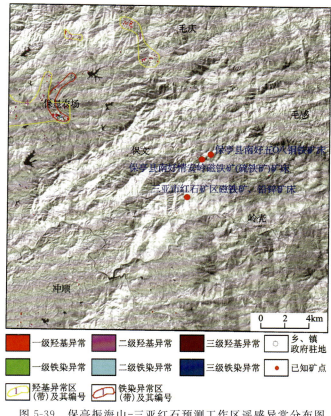

图 5-39 保亭振海山-三亚红石预测工作区遥感异常分布图

3. 遥感在矿产预测中的作用分析

预测工作区硫铁矿有小型矿床 2 处,矿点 1 处,均为燕山期接触交代型。区内的硫铁矿矿床(点)均处于古生代地层中。找矿标志为晚白垩世中酸性岩浆岩沿大理岩与钙质砂、页岩层分界面,北北东—近南北走向的断裂、裂隙,花岗斑岩与结晶灰岩的接触带。该类型硫铁矿的遥感近矿找矿标志为线性构造、环形构造以及色要素的叠加。以上述标志的组合以及已有的矿产地为依据,圈定遥感最小预测区 1处(表 5-37)。

表 5-37 保亭振海山-三亚红石硫铁矿预测工作区最小预测区特征表

图元编号	名称	矿床类型	预测矿种	判别依据	地质背景
1	岭壳	巷子口式矽卡岩型	硫铁矿	断裂:南北向、北东向两组,控矿断裂 主要矿产:硫铁矿	构造位置:华南褶皱系五指山褶冲带。石炭系南好组—青天峡组:砾岩、含砾不等粒石英砂岩、砂岩、岩屑长石砂岩、板岩、结晶灰岩;早三叠世二长花岗岩;中志留统大干村组—靠亲山组:变质砾岩、千枚岩、板岩、含碳千枚岩、绢云石英粉细砂岩、结晶灰岩;上志留统足赛岭组:千枚岩、含碳千枚岩、结晶灰岩

二、硫铁矿床遥感地质特征分析

海南岛已发现的硫铁矿床(点)共有 11 个,其中小型矿床 3 个,矿(化)点 8 个。硫铁矿矿种主要为黄铁矿、磁黄铁矿、镍黄铁矿、镜铁矿,其余矿种少见。含矿地层主要为上志留统足赛岭组、下石炭统南好组、青白口系石碌群,含矿岩石主要为花岗斑岩、花岗闪长岩与结晶灰岩、大理岩接触处的矽卡岩或矽卡岩化岩石中,还有石碌群第六层。总体来看,海南省硫铁矿资源具有如下特征:

(1)硫铁矿资源在各构造单元中的分布并不均衡,这表现为已知的硫铁矿矿床(点)主要集中分布于五指山褶冲带(包括琼西岩浆弧和琼东陆内盆地),其中又以琼东陆内盆地及其邻近区域较为集中,全岛的矿床(点)绝大多数分布在此区域,包括2个小型矿床,6个矿点,其余一个小型矿床分布在琼西岩浆弧,在三亚地体还分布一个矿点。

(2)海南岛硫铁矿矿化规模不大。省内已发现的11处矿床(点)中,只有3处小型矿床,其余均为矿点。

(3)现有资料显示,海南岛硫铁矿矿床(点)可归纳为3种类型,即接触交代型、热液型、沉积变质型。

(4)空间分布上,接触交代型硫铁矿主要分布在琼东陆内盆地,只有一个接触交代型硫铁矿分布在三亚地体,热液型硫铁矿在岛内全部分布在琼东陆内盆地,沉积变质型矿床分布在琼西岩浆弧。3种类型的分布均无规律性。

(5)硫铁矿矿床(点)成矿时代相对比较集中,其形成与岩浆作用、构造作用和区域地球化学元素异常有关。海南省接触交代型硫铁矿成矿时代为白垩纪,热液型硫铁矿成矿时代多集中在白垩纪—侏罗纪,还有一个矿点的成矿时代为三叠纪。成因上与印支期、燕山期的岩浆侵入密切相关。沉积变质型硫铁矿的成矿时代为青白口纪。

(6)沉积变质型硫铁矿、接触交代型硫铁矿、热液型硫铁矿特征差异较大。沉积变质型硫铁矿在储量上明显占优势,成因上与沉积作用、变质作用和围岩密切相关,空间严格受紧闭褶皱和地层的控制,矿体赋存于石碌群第六层透辉石透闪石岩石中,成层状、似层状产出。矿床的形成与基性火山沉积、含透辉石透闪石的地层,构造和加里东期主矿体的变质作用有关,成矿时代为新元古代青白口纪;接触交代型和热液型硫铁矿在数量上占优势,但是在储量上远远次于沉积变质型硫铁矿,接触交代型和热液型硫铁矿成因上与断裂构造密切相关,断裂构造使得含矿的热液向上运移,交代富集形成矿床,空间分布严格受断裂构造的控制,矿体一般赋存于花岗斑岩、花岗闪长岩与结晶灰岩和大理岩等含钙质高岩石接触带的矽卡岩或矽卡岩化岩石中,矿床的形成与印支期和燕山期侵入的花岗斑岩、花岗闪长岩密切相关,成矿时代为白垩纪。

(一)海南省昌江石碌沉积变质型硫铁矿

海南省昌江县石碌沉积变质型硫铁矿与石碌沉积变质型银矿伴生,该矿床的地质矿产特征和遥感地质特征与石碌银矿相同,在此不再重复,具体详见本章第一节中海南省昌江县石碌沉积变质型银矿的内容。

(二)海南省保亭情安岭接触交代型硫铁矿

1.地质特征

1)地质背景

情安岭硫铁矿区处于华南褶皱系五指山褶冲带南部的南好断陷中,位于尖峰-吊罗深大断裂带的南侧,区域上受尖峰-吊罗深大断裂带及次级南北向断裂构造的控制,以大面积、多期次岩浆岩侵入为特征,并有火山岩喷发。地层主要是南好断陷中的古生界志留系和石炭系。

2)成矿地质环境

巷子口式硫铁矿的含矿地层主要为上志留统足赛岭组千枚岩夹结晶灰岩、含碳千枚岩,下石炭统南好组板岩、变质粉砂岩、砾岩,含矿岩石主要为花岗斑岩、花岗闪长岩与足赛岭组和南好组的结晶灰岩及大理岩接触带的矽卡岩或矽卡岩化岩石,同时在角岩中也有少量的含矿岩石。岩体主要为晚白垩世花岗斑岩、早二叠世石英闪长岩。矿石类型主要为矽卡岩型。成矿时代为白垩纪。矿体主要受断裂构造、岩浆活动、地层的控制。矿体严格受构造控制,断裂构造为北东向、近南北向,所以矿体沿北东向、近南北向展布。矿体倾向北西,有些矿体在较深处倾向有变化。

3) 蚀变类型及其分布

矿区内含铜、硫铁矿化形成于花岗斑岩与结晶灰岩的接触带矽卡岩体中,受北东 20°～40°、近北西 65°～70°两组裂隙控制。蚀变主要是矽卡岩化、硅化、角岩化、绿泥石化、绿帘石化、黄铁矿化、黄铜矿化、褐铁矿化。

4) 找矿标志

晚白垩世中酸性岩浆岩沿大理岩与钙质砂、页岩层分界面;北北东—近南北走向的断裂、裂隙;花岗斑岩与结晶灰岩的接触带。

2. 典型矿床遥感资料研究

情安岭硫铁矿体受构造控制明显,几乎沿断裂构造走向分布,呈北东向、近南北向,倾向北西,倾角大。矿区遥感线和环要素发育。线性构造以北北东走向为主,环形构造呈现多种组合形式,主要为环环组合,线环组合,形式有两环相交、两环相切、同心环、线环相切等,在环环相交及线环相交的叠加部位,应是成矿的有利地段。色调异常为浅色调,与周边色调有明显差异。矿区内遥感羟基、铁染异常信息不明显,无明显指示意义。该类型硫铁矿的遥感近矿找矿标志为北北东—近南北走向的线性构造与环形构造以及色、带要素的叠加(图 5-40)。

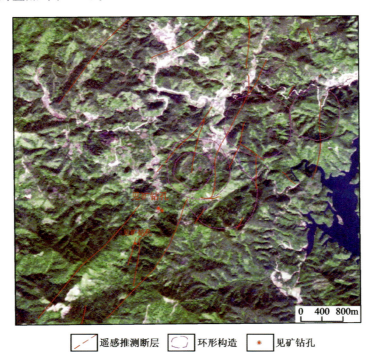

图 5-40 情安岭硫铁矿床遥感影像图

第六节 重晶石矿预测遥感资料应用成果研究

海南岛迄今已发现的重晶石矿床(点)共有 3 个,其中中型矿床 1 个,小型矿床 2 个。重晶石本身的主要有用元素为 Ba,主要伴生金属元素有 Pb、Zn、Cu 等。含矿地层主要为新元古界青白口系石碌群,

石炭系第二段第四层,二叠系峨查组、鹅顶组。总体来看,海南省重晶石矿资源具有如下特征:

(1)重晶石矿资源在各构造单元中的分布并不均衡,这表现为已知的保由和石碌重晶石矿床集中分布于武夷-云开-台湾造山系五指山岩浆弧五指山褶冲带琼西岩浆弧构造单元内。

(2)海南岛重晶石矿化规模不大,省内已发现的矿床中,仅儋州冰岭矿床储量规模达中型,其余均为小型矿床或矿化点。

(3)现有资料显示,海南岛重晶石矿床(点)可归纳为3种类型,即热液脉型、沉积变质型、风化壳型。

(4)空间分布上,热液脉型主要集中在海南岛王下逆冲构造带内及附近区域,沉积变质型主要集中在海南岛石碌逆冲构造带内及附近区域,风化壳型主要集中在白沙坳陷构造带附近。

(5)重晶石矿床(点)成矿时代相对较分散,其形成与沉积作用、构造作用和区域地球化学元素异常有关。海南省热液脉型成矿时代为中生代燕山期,沉积变质型成矿时代为晋宁期,风化壳型成矿时代为第四纪。各种类型矿床成因上与不同时期的构造运动相关。

(6)热液脉型和风化壳型重晶石矿床特征差异较大。热液脉型受断裂构造控制,矿化带沿着断裂带分布,主要在下二叠统峨查组碎屑岩与鹅顶组灰岩接触部位,主要金属矿物和蚀变矿物以热液形式沿破碎裂隙充填交代。风化壳型重晶石矿呈似层状赋存于石炭系第二段第四层底部条带状含重晶石硅质岩之上,并残留一定原始层理构造,后经过构造运动和风化剥蚀,形成一定程度上的残坡积矿层。

一、重晶石预测工作区遥感地质特征分析

海南省的重晶石矿主要分布在岛中部和西部。其重晶石矿按成因类型主要分为三大类:石碌式沉积变质型重晶石矿、冰岭式风化壳型重晶石矿和谭子山式热液型重晶石矿。海南省成矿预测组划分的重晶石矿预测类型及预测方法见表5-38。

表5-38 海南省重晶石矿预测类型一览表

预测矿种	矿产预测类型	典型矿床	预测工作区范围	预测底图比例尺	底图类型
重晶石	石碌式沉积变质型重晶石矿	昌江石碌重晶石矿	昌江石碌预测工作区:E109°00′00″—109°14′28″;N19°09′35″—19°17′20″	1:5万	变质建造构造图
	冰岭式风化壳型重晶石矿	儋州冰岭重晶石矿	儋州冰岭预测工作区:E109°17′49″—110°10′53″;N19°10′17″—19°43′47″	1:5万	地貌与第四纪地质图/沉积建造古构造图
	谭子山式热液型重晶石矿	昌江保由铅锌重晶石矿	昌江保由预测工作区:E108°52′28″—109°12′42″;N18°51′48″—19°12′55″	1:5万	地质建造构造图

根据不同类型重晶石矿床的分布情况,将全岛划分为昌江石碌、昌江保由和儋州冰岭3个重晶石矿预测工作区(见图5-2)。各重晶石矿预测工作区遥感地质特征分述如下。

(一)昌江石碌重晶石矿预测工作区

1.地质构造背景及遥感特征

昌江石碌重晶石矿预测工作区分布在岛西部的昌江、白沙、儋州、东方等市县内。由于石碌重晶石矿与铁铜银钴矿共(伴)生,昌江石碌预测工作区地质背景和遥感地质矿产特征及异常特征在银矿部分

2. 遥感在矿产预测中的作用分析

本预测工作区重晶石矿为石碌式沉积变质型重晶石矿。找矿标志为青白口系石碌群第六层,围岩为含透辉石透闪石白云岩,向斜的谷(槽)部或向斜轴部附近的层间剥离带或褶曲发育、形变强烈地段。该类型重晶石矿的遥感近矿找矿标志为线性构造、环形构造以及色要素的叠加。色调异常为浅色调,与周边色调有明显差异。反映成矿信息的组合形式有线环相切等,线环相交的叠加部位应是成矿的有利地段。以上述标志的组合以及已有的矿产地为依据,本预测工作区圈定出遥感最小预测区1处(表5-39)。

表5-39 昌江石碌重晶石矿预测工作区最小预测区特征表

图元编号	名称	矿床类型	预测矿种	判别依据	地质背景
1	石碌	石碌式沉积变质型	重晶石矿	断裂:北东向,控矿断裂 主要矿产:重晶石矿	构造位置:华南褶皱系五指山褶冲带。青白口系石碌群:石英绢云片岩、石英岩、结晶灰岩、透辉透闪岩、白云岩、赤铁矿层;震旦系石灰顶组:含赤铁矿石英砂岩、石英岩、赤铁矿粉砂岩、泥岩;石炭系南好组—青天峡组:砾岩、含砾不等粒石英砂岩、砂岩、岩屑长石砂岩、板岩、结晶灰岩

(二)昌江保由重晶石矿预测工作区

1. 地质构造背景

昌江保由重晶石矿预测工作区分布在岛西部的昌江、东方、乐东、白沙等市县内,面积约$1384km^2$。海南省昌江保由预测工作区范围在空间上对应于海南岛昌江县七差区,属华南成矿省(Ⅱ-16)海南铁、铜、钴、钼、金、铅、锌、水晶成矿带(Ⅲ-90),构造上属于武夷-云开-台湾造山系五指山岩浆弧五指山褶冲带琼西岩浆弧。区域内地层发育相对较全,由老到新依次为泥盆系—石炭系、下石炭统岩关组和二叠系。区内经历多期次的成矿和构造运动,构造形迹穿插交错,其中断裂构造最为发育,次为褶皱构造。断裂构造形迹主要有北西向、北东东向、北东向、南北向断裂,北西向断裂与本区矿化有密切关系。区内岩浆岩主要见有侵入岩,侵入时代主要为印支期和燕山期。岩石种属大部分为中—细粒似斑状黑云母花岗岩、中粒斑状黑云母花岗岩等。另外,常见有中—基性岩脉如闪长玢岩、石英闪长玢岩、煌斑岩、辉绿岩、细粒花岗岩和石英脉等,均呈岩墙和岩脉穿插在各时代地层或印支期及燕山期侵入岩中。区内经历多期次的构造运动,发生了区域动力、接触变质、近矿围岩蚀变等变质作用,形成了不同类型的变质岩类岩石,其中区域变质岩类岩石、近矿围岩蚀变变质岩类岩石较为发育。

2. 预测工作区遥感特征

1)区域地质构造遥感特征

昌江保由预测工作区位于海南岛西部,区内大面积为印支期尖峰岭钾长花岗岩体占据,岩体的西北、东北和东南三面为奥陶系南碧沟组,下志留统陀烈组,上白垩统报万组以及长城系抱板群等地层环绕。奥陶系南碧沟组和下志留统陀烈组因尖峰岭岩体的侵位破坏而支离破碎,其中陀烈组千枚岩、含碳千枚岩是区内金矿赋矿层位。尖峰岩体分布区是寻找钨、锡、铅、锌的重要靶区。经室内的图像地质解译,结合野外地质验证,初步建立起了昌江保由预测工作区主要地质体ETM遥感影像解译标志(表5-40,图5-41)。

表 5-40 昌江保由预测工作区主要地质体 ETM(R5G4B3)影像遥感解译标志简表

岩类	时代	解译标志					主要岩性
		形态	色调	影纹	地貌	水系	
沉积岩	Q	带状、片状，边界不规则	草绿色、浅粉红色、灰白色	不显或较单一	以滨海平原和山前洪积阶地为主，少数为山间盆地	水系稀疏，以树枝状、平行状为主	松散砂土、砂、砾
	E+N	似椭圆形	深绿色、灰色	蠕虫状、姜状	丘陵地貌为主	树枝状	砂土、黏土、亚砂土
	K	带状、长条状、片状，多呈直线边界	墨绿色、深绿色、草绿色、粉红色、米黄色	斑点状、橘皮状、蠕虫状、斑块状、条带状、梳状	阳江、雷鸣、王五红盆为丘陵地貌，白沙红盆以低—中山地貌为主	树枝状为主，局部有扇状、平行状	砂岩、砂砾岩
侵入岩	燕山晚期	片状复式大岩基，边界不规则；长条状岩墙，边界较规则	黄绿色—墨绿色、粉红色	不均匀块状、羽状、带状	中低山、丘陵	树枝状，局部钳状	二长花岗岩、花岗闪长岩、钾长花岗岩、花岗岩
	印支期	片状、带状或长条状，边界多圆滑	草绿色为主，局部墨绿色、粉红色、米黄色	羽状、带状、斑块状	中低山地貌为主，局部为高山	树枝状，局部放射状	二长花岗岩、花岗岩

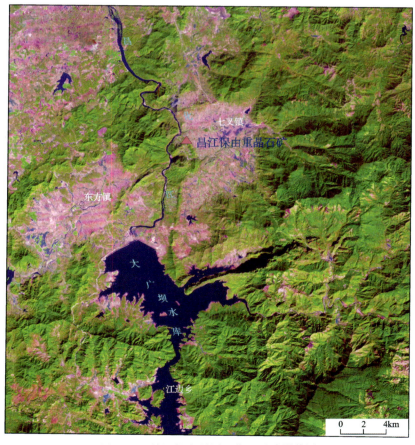

图 5-41 昌江保由预测工作区遥感影像图

遥感影像上预测工作区地貌特点鲜明，预测工作区西北侧为滨海平原地貌区，主要为第四纪松散沉积，影像上呈浅红色。预测工作区西南部有白垩纪地层分布，呈红褐色调。预测工作区中部的尖峰岩体地形起伏较大，呈现隆起，植被覆盖较好，遥感影像呈墨绿色，沟谷较窄，棱角分明。在遥感影像上北东向、北西向及南北向线性构造发育，其中前两组线性构造构成尖峰岭大菱形构造。区内共解译出87条线性构造和10个环形构造，遥感块、带、色要素特征不明显（图5-42）。

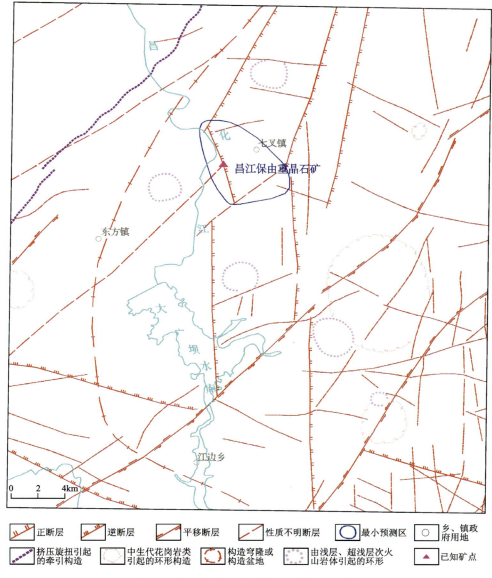

图5-42 昌江保由预测工作区地质构造遥感解译图

区内主要线性构造中，北东向断裂带有新开田-大炎新村断裂带、戈枕断裂带；南北向断裂带有鸡实-霸王岭断裂带；北西向断裂带有尖峰-吊罗断裂带。主要断裂遥感特征描述如下。

（1）新开田-大炎新村断裂带：分布于白沙坳陷带西侧，在影像上形迹清晰。断裂带总体走向北东，切过古生代地层、海西期—印支期花岗岩，并控制白沙坳陷带白垩纪盆地沉积和分布，又切过下白垩统鹿母湾组。沿断裂带断续可见挤压破碎带，形成硅化角砾岩、糜棱岩，并有燕山晚期岩脉或石英脉充填。

（2）尖峰-吊罗断裂带：横贯尖峰岩体，遥感影像上清晰呈线性状影纹。沿该构造带展布范围内的花岗岩体中都见到有东西向破裂面构成的挤压破碎带。这些现象说明该构造带中海西期、印支期和燕山期有强烈活动，并表现为压性或扭压性特征。

(3)戈枕断裂带：北东起于土外山，往西南经戈枕岭、二甲红甫门岭、观音崩岭至尧文一带，长 50 多千米，总体走向 45°～55°。它发育于抱板群与南碧沟组和陀烈组的接触带上，断裂带倾向以北西为主，抱板群逆冲于南碧沟组和陀烈组之上，显示压性逆断层特征。但在断裂带的中段红甫门岭至西南段尧文一带断裂面倾向南东，断裂带倾向较陡，一般为 65°～85°。

该带在影像上呈现隆起，线性影像清晰，控制着与海西期韧性剪切变形变质和与印支期岩浆热液活动作用有关的糜棱岩型金矿、碎裂岩型金矿和石英脉型金矿的分布。该带是海南岛金矿的主要成矿带。

昌江保由预测工作区环形构造主要发育在尖峰岩体周围。根据遥感解译所反映的环形影像，结合地质资料，对这些环形构造影像进行分类、解释如下。

(1)构造穹隆或构造盆地：这类环形构造共解译出 1 个，分别为元门环形影像和石门山环形影像，面积较大，为圆形状环，边界清楚，环内细脉状影纹，分布中生代岩体。

(2)与浅层、超浅层次火山岩体引起的环形构造：发现有 5 处，该环形构造影像标志清晰，面积较小，个体均为小圆环。

(3)中生代花岗岩类引起的环形构造：此类环形影像共解译出 4 个，面积大小不一，其中的不磨和猴猕岭两个环形影像规模较大，形迹清晰。

主要的环形构造遥感特征见表 5-41。

表 5-41　昌江保由预测工作区主要环形影像解译简表

编号	名称	面积(km²)	影像特征	地质特征	成因推测
1	王下环形影像	41	影像清晰，为长轴呈南北向展布的椭圆形，西南角与一小环相接，环中影纹呈条带状，水系细而长，呈树枝状	环的北部出露印支期钾长花岗岩，中部出露下二叠统峨查组和鹅顶组板岩、灰岩，南部出露上石炭统青天峡组砂岩、板岩；南北向断裂与东西向断裂会合处；王下金矿点、明旺铜矿点及牙劳铅锌矿点所在地	断裂构造
2	不磨环形影像	24	影像清晰，圆形状单环，半弧状山体明显，水系不发育，多呈线状	环内出露长城系抱板群黑云斜长片麻岩，二云母片岩及中元古代花岗岩；发育有北东向及东西向断裂；不磨金矿床及公爱金矿点所在地	长城系抱板群、断裂构造
3	猴猕岭环形影像	16	影像清晰，圆形状环，有一小环叠加，中心为山脊，具放射性水系，条带状影纹	西北部出露下志留统陀烈组千枚岩、板岩，东南部出露下白垩统鹿母湾组砂岩、砂砾岩	断裂构造
4	元门环形影像	13	影像清晰，圆形状环，边界清楚，环内细脉状影纹	环内分布下白垩统鹿母湾组砂岩、砂砾岩	陨石造成的坳陷

2)遥感异常特征

遥感羟基异常图斑共有 2419 个，其中一级异常 248 个，二级异常 812 个，三级异常 1359 个；遥感铁染异常图斑共有 851 个，其中一级异常 85 个，二级异常 320 个，三级异常 446 个。预测工作区矿产资源分布与异常无明显的相关性，根据异常集中分布程度、所处的地质构造环境等，对异常信息进行分析、筛选，共圈定出 7 处羟基异常带，1 处铁染异常带。预测工作区主要遥感异常特征见表 5-42。

昌江保由预测工作区内植被和水系非常发育，遥感异常信息反映不明显，分布零散。铁染异常呈片状分布多在中元古代片麻状(二长)花岗岩和长城纪戈枕村组等地层岩性发育区，羟基异常分布多由片状的黏土类矿物引起。羟基、铁染蚀变组合信息主要分布于河谷河漫滩地区。在预测工作区西面的第四纪滨海平原区和西南侧的白垩纪地层分布区，也有羟基、铁染异常浓集。在预测工作区已知矿点中，矿点与铁染、羟基异常套合度不高(图 5-43)。

表 5-42　海南省昌江保由预测工作区主要遥感异常特征简表

编号	异常名称	异常类别	主要异常特征	地质特征	区域矿产
1	月大异常带	羟基异常	异常呈北北西向展布，没有明显的浓集中心	主要分布于中三叠世正长花岗岩区	与已知矿点吻合程度不高
2	玉地异常带	羟基异常	面积较小，羟基异常零星分布，强度较弱	主要分布于青白口系石碌群和晚二叠世（角闪石）黑云母二长花岗岩	与已知矿点吻合程度不高
3	戈枕-大田异常带	羟基异常	呈北东向展布，面积较大，没有明显的浓集中心，强度较强	主要分布于第四系更新统北海组和早三叠世二长花岗岩	有金矿、砂金矿
4	红泉农场七队-十七队异常带	铁染异常	呈南北向展布，没有明显的浓集中心，强度中等	分布于中元古代片麻状（二长）花岗岩和长城系戈枕村组	与已知矿点吻合程度不高
5	七叉-南寨异常带	羟基异常	异常呈北西向分布，面积和强度都较强	异常浓集中心位于晚二叠世（角闪石）黑云母二长花岗岩区	铅锌矿、水泥用灰岩等
6	东方镇异常带	羟基异常	呈北东向带状沿断层裂隙分布，羟基遥感异常强度强	主要分布于早三叠世黑云母花岗闪长岩区	与已知矿点吻合程度不高
7	大广坝异常带	羟基异常	沿水库边沿分布，异常强度强	主要分布于全新统（未分），早三叠世黑云母花岗闪长岩和晚二叠世（角闪石）黑云母二长花岗岩	与已知矿点吻合程度不高
8	椰子村异常带	羟基异常	呈北西向带状分布，强度不强，以羟基遥感异常为主	主要分布于下二叠统峨查组—鹅顶组内部	与已知矿点吻合程度不高

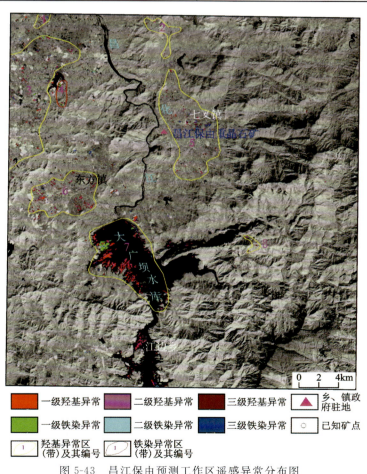

图 5-43　昌江保由预测工作区遥感异常分布图

3. 遥感在矿产预测中的作用分析

昌江保由预测工作区重晶石矿预测类型为热液型，有小型重晶石矿床1处。硅化、重晶化、黄铁矿化、碳酸盐化是区内寻找重晶石矿的重要标志。遥感影像标志主要为环形构造及线性构造，反映成矿信息的组合形式主要为环环组合、线环组合，形式有两环相交、两环相切、线环相切等，在环环相交及线环相交的叠加部位，应是成矿的有利地段。以上述标志的组合以及已有的矿产地为依据，本预测工作区圈定出遥感最小预测区1处（表5-43）。

表5-43 昌江保由预测工作区最小预测区特征表

图元编号	名称	矿床类型	预测矿种	判别依据	地质背景
1	七叉	谭子山式热液型	重晶石矿	断裂：北东向、北西向两组，控矿断裂 主要矿产：重晶石矿	构造位置：华南褶皱系五指山褶冲带。晚二叠世（角闪石）黑云母二长花岗岩；早二叠世英云闪长岩；下二叠统峨查组—鹅顶组：石英砂岩、板岩、硅质岩、粉晶灰岩、生物屑灰岩、含燧石纹层灰岩

（三）儋州冰岭预测工作区

1. 地质构造背景

海南省儋州冰岭预测工作区的范围在空间上对应于海南岛儋州市，属华南成矿省（Ⅱ-16）海南铁、铜、钴、钼、金、铅、锌、水晶成矿带（Ⅲ-90），构造上属于武夷-云开-台湾造山系五指山岩浆弧五指山褶冲带琼西岩浆弧。区域上出露的地层除第四系覆盖层外，出露基岩均为一套浅变质岩系；区域上断裂构造和褶皱构造发育，主要的断裂构造有近东西向、北北东向和北西向。区域上的岩浆岩主要为中生代第二期花岗岩，岩性主要为细粒、中细粒似斑状黑云母花岗岩，电气石黑云母花岗岩，属儋县岩体的边缘相。

2. 预测工作区遥感特征

1）区域地质构造遥感特征

儋州冰岭预测工作区北部为王五-加来海积阶地平原区，南部为儋县-昌江花岗岩变质岩丘陵台地区，在遥感影像上地貌特征鲜明。南部区域植被发育，呈绿色调，在遥感影像上色调呈绿色基本色调，第四纪构造层分布于预测工作区西北部沿海地区，以浅红色调为主，地势平坦，河湖众多，沟道弯曲，树枝状水系发育。而新生代火山岩则以蓝色、深绿色为主，地势平坦，蠕虫状斑点影纹（图5-44）。经室内的图像地质解译，结合野外地质验证，初步建立起了儋州市冰岭钨矿预测工作区主要地质体ETM遥感影像解译标志（表5-44）。

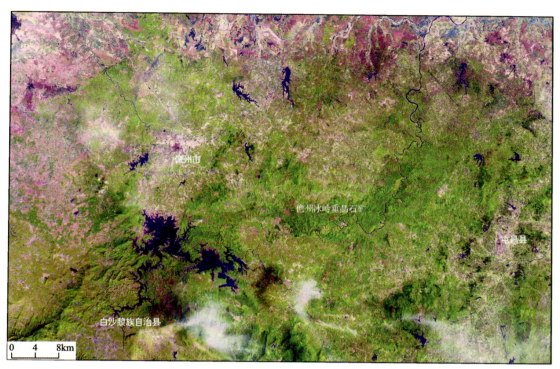

图 5-44　儋州冰岭预测工作区遥感影像图

表 5-44　儋州冰岭预测工作区主要地质体 ETM(R5G4B3)影像遥感解释标志简表

岩类	时代	解译标志					主要岩性
		形态	色调	影纹	地貌	水系	
沉积岩	Q	带状、片状，边界不规则	草绿色、浅粉红色、灰白色	不显或较单一	以滨海平原和山前洪积阶地为主，少数为山间盆地	水系稀疏，以树枝状、平行状为主	松散砂土、砂、砾
	K	带状、长条状、片状，多呈直线边界	墨绿色、深绿色、草绿色、粉红色、米黄色	斑点状、橘皮状、蠕虫状、斑块状、条带状、梳状	阳江、雷鸣、王五红盆为丘陵地貌，白沙红盆以低—中山地貌为主	树枝状为主，局部有扇状、平行状	砂岩、砂砾岩
火山岩	K	似圆状、带状、环状火山锥	墨绿色—草绿色、浅粉红色	斑块状、带状、羽状	中低山、丘陵，局部高山	树枝状水系稀疏	流纹斑岩、英安岩及火山碎屑岩

儋州市冰岭钨矿预测工作区线性、环形构造比较发育，共解译出线性构造50条，环形构造8个。线性构造主要分为东西向、北东向、南北向、北西向等(图5-44)，其中东西向有王五-文教断裂带、昌江-琼海构造带；南北向断裂带有山口-南坤断裂带和鸡实-霸王岭断裂带；北西向断裂带有洛基-南丰断裂带。

主要断裂构造遥感特征如下。

(1)王五-文教构造带：位于预测工作区北部，影像形迹清晰。横贯儋州、临高、澄迈、定安、琼山、文昌等市县，西端潜入北部湾，东端没于南海，岛上延伸达210km。

(2)昌江-琼海构造带：横贯东方、昌江、白沙、琼中、屯昌和琼海等市县。它是一条规模巨大以断裂带为主夹有近东西向褶皱带的断褶构造带,其延伸方向上,时隐时显,断续延长达200km以上。在该构造带上分布有一系列东西向断裂带

(3)冰岭断裂带:位于预测工作区西侧,在遥感影像上线性形迹清晰,该带上分布有金、银矿产。

儋州市冰岭预测工作区环形构造发育较少,区内共解译出6个(图5-45)。根据遥感解译所反映的环形影像,结合地质资料,对这些环形构造影像进行分类、解释如下。

①构造穹隆或构造盆地:这类环形影像共解译出1个,位于东方-元门地区,面积较大,为圆形状环,边界清楚,环内细脉状影纹,分布中生代岩体。

②浅层、超浅层次火山岩体引起的环形构造:此类环形影像较为发育,发现有3处,主要沿着鸡实-霸王岭断裂带发育,该环形构造影像标志清晰,面积较小,个体均为小圆环,环内印支期二长花岗岩出露。

③中生代花岗岩类引起的环形构造:此类环形影像共解译出2个,面积较小,色调一般较暗。

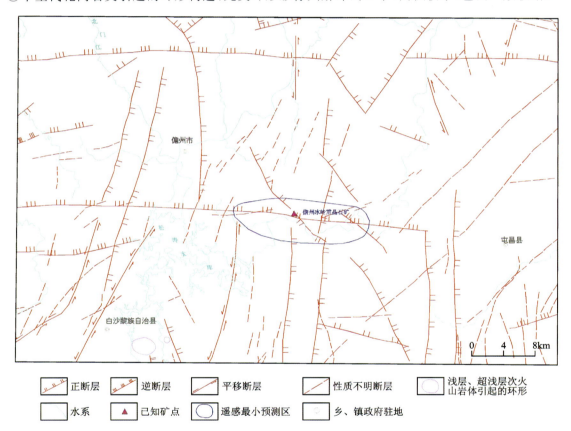

图5-45 儋州冰岭预测工作区地质构造遥感解译图

2)遥感异常特征

遥感羟基异常图斑共有6117个,其中一级异常739个,二级异常1925个,三级异常3453个;遥感铁染异常图斑共有2782个,其中一级异常280个,二级异常818个,三级异常1684个。根据异常集中分布程度、所处的地质构造环境等,对异常信息进行分析、筛选,共圈定出20处羟基异常带,7处铁染异常带。预测工作区主要异常特征见表5-45。

海南省儋州冰岭预测工作区遥感异常在区内反映不明显,分布零散,主要分布于第四系更新统北海组和下白垩统鹿母湾组以及石炭系南好组—青天峡组中。羟基铁染蚀变组合信息主要分布于沿海和河谷河漫滩地区。在工作区西部和西南部的玄武岩地区也有异常浓集。预测工作区矿产资源分布与异常无明显的相关性(图5-46)。

表 5-45 海南省儋州冰岭预测工作区主要遥感异常特征简表

编号	异常名称	异常类别	主要异常特征	地质特征	区域矿产
1	儋州农场异常带	铁染异常	呈北东向展布,在儋州林场到大埗一带异常强度较强	分布在第四系更新统北海组和八所组	与已知矿点吻合程度不高
2	南宝异常带	羟基异常	异常零星分布,在道谈村—美山村一带较为集中,强度中等	主要分布于更新统(未分)和第四系更新统北海组	与已知矿点吻合程度不高
3	上村异常带	铁染异常	呈北东向条带状展布,强度较强,浓集中心主要位于异常带的两端	主要为第四系更新统北海组	与已知矿点吻合程度不高
4	后村-里万异常带	羟基异常	呈北东向展布,面积较大,在福安—里万一带异常较强	主要分布于第四系更新统北海组和全新统(未分)	与已知矿点吻合程度不高
5	里加-加月异常带	羟基异常	异常呈近南北向展布,没有明显的浓集中心,强度中等	主要分布于第四系更新统秀英组、北海组和石炭系南好组—青天峡组	与已知矿点吻合程度不高
6	昆仑农场十二队异常带	羟基异常	呈北东向展布,浓集中心位于异常带的东端,强度较强	主要分布于中三叠世正长花岗岩和早二叠世(角闪石)黑云母二长花岗岩	与已知矿点吻合程度不高
7	八一农场异常带	铁染异常	呈北西向展布,强度中等,没有明显的浓集中心	主要分布于晚二叠世(角闪石)黑云母二长花岗岩,二叠纪—三叠纪花岗岩和下志留统陀烈组	与已知矿点吻合程度不高
8	丰收窝异常带	羟基异常	呈北东向展布,没有明显的浓集中心,强度中等	主要分布于中—早三叠世正长花岗岩和石炭系南好组—青天峡组	与已知矿点吻合程度不高
9	松涛林场异常带	羟基异常	呈北西向展布,浓集中心主要位于南好组—青天峡组	主要分布于石炭系南好组—青天峡组和下白垩统鹿母湾组	与已知矿点吻合程度不高
10	良史-岳寨异常带	羟基异常	呈南北向带状展布,零星分布,强度较弱	主要分布于晚三叠世二长花岗岩	与已知矿点吻合程度不高

3. 遥感在矿产预测中的作用分析

冰岭预测工作区已发现中型重晶石矿床 1 处,为风化壳型。石炭系第二段第四层是区内寻找重晶石矿的重要标志。本预测工作区仅有少量的环形构造及简单的遥感线、环组合,遥感在矿产预测中的作用分析的圈定比较困难,仅依据现有矿产地及线环组合圈定出遥感最小预测区 1 处(表 5-46)。

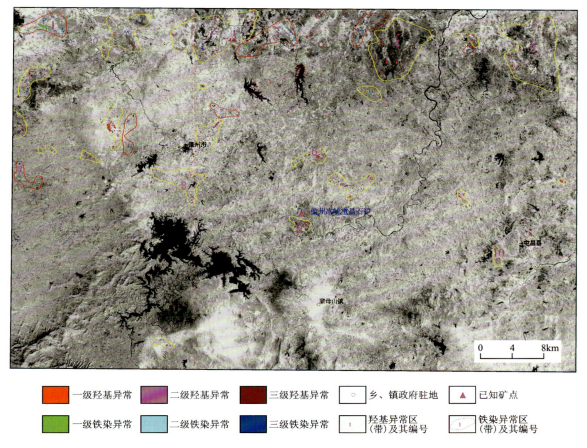

图 5-46 儋州冰岭预测工作区遥感异常分布图

表 5-46 冰岭预测工作区最小预测区特征表

图元编号	名称	矿床类型	预测矿种	判别依据	地质背景
1	冰岭	冰岭风化壳型	重晶石矿	断裂：东西向、北东向、北西向3组，控矿断裂 主要矿产：重晶石矿	构造位置：华南褶皱系五指山褶冲带。石炭系南好组—青天峡组：砾岩、含砾不等粒石英砂岩、砂岩、岩屑长石砂岩、板岩、结晶灰岩；下白垩统鹿母湾组：砂砾岩、长石石英砂岩、粉砂岩、泥岩、安山-英安质火山岩

4. 预测工作区缓坡第四系提取

重晶石矿赋存第四系有以下的分布特点：①坡度较陡的区域风化壳第四系发育较差，不利于重晶矿的发育；②沟谷中风化壳第四系不发育，因为花岗岩岩性致密，透水性差，所以花岗岩区沟谷会顺着断裂或者节理发育，且不断向下切割，所以花岗岩区沟谷切割深度大，沟谷中常常基岩裸露，风化壳第四系不发育；③河流、小溪等水体中风化壳第四系不发育；④同一地貌区坡度和缓区最有利于风化壳第四系的发育和重晶石矿的淋滤富集。

在对以上几条特征分析归纳的基础上，提出了本次重晶石矿资源潜力预测工作遥感第四系提取的技术流程，对该流程描述如下。

（1）采用数据：基于重晶石矿赋存的第四系与坡度关系密切的特点，采用了5m分辨率的DEM数据，同时使用了ETM影像数据。

（2）对重晶石矿预测工作区构造剥蚀地貌单元和侵蚀堆积地貌单元，采取了重点解译坡度适中区的方法,即去掉坡度过陡或过缓的区域,而提取出最有利于重晶石矿发育的缓坡第四系。

(3)对河流冲积型砂矿预测工作区堆积盆地、冲积盆地单元,重点保留了坡度较和缓的河流盆地、阶地部位第四系。

(4)采用了基于 ETM 数据提取出的 NDVI 指数(即植被指数)去除河流、小溪等地貌部位。

依据以上技术流程,采用 GIS 技术顺利提取出重晶石矿各预测工作区第四系要素。

二、重晶石矿床遥感地质特征分析

(一)海南省昌江石碌沉积变质型重晶石矿

海南省昌江县石碌沉积变质型重晶石矿与石碌沉积变质型银矿伴生,其该矿床的地质遥感特征与银矿相同,在此不再叙述,具体详见本章第一节中海南省昌江县石碌沉积变质型银矿的内容。

(二)海南省昌江保由热液脉型重晶石矿

1. 地质特征

1)地质背景

谭子山式热液脉型重晶石矿体的含矿地层主要为上古生界二叠系峨查组和鹅顶组,峨查组岩性以含碳粉砂质千枚岩、变质石英砂岩、硅化岩为主;鹅顶组按岩性组合分为上、下两个亚组,下亚组岩性由含碳粉砂质千枚岩与深灰色—浅灰色中—薄层条带—条纹状结晶灰岩组成;上亚组岩性比较简单,主要为浅灰色—灰白色中—厚层含燧石或泥质结核的条带—条纹状结晶灰岩组成。与之有关的岩体主要为印支期中—细粒似斑状黑云母混合花岗岩,其次为燕山期中粒斑状黑云母花岗岩及少量脉岩,如闪长玢岩、石英闪长玢岩、煌斑岩和石英脉等。成矿物质主要来源于二叠系峨查组和鹅顶组,印支期或燕山期花岗岩提供了热液物质来源。矿石类型比较单一,主要为重晶石-石英-方铅矿矿石。成矿时代为燕山期。

2)成矿地质环境

热液脉型成因上与断裂构造密切相关,空间分布严格受断裂构造破碎带控制,矿化带沿着断裂带分布,主要在下二叠统峨查组碎屑岩与鹅顶组灰岩接触部位,主要金属矿物和蚀变矿物以热液形式沿破碎裂隙充填交代形成矿体,呈脉状、透镜状产出,矿床形成与印支期—燕山期岩体侵入形成的热液有关,成矿时代为燕山期。

3)蚀变类型及其分布

区内近矿围岩蚀变主要有硅化、重晶石化、黄铁矿化、碳酸盐化,其次为石墨化、绿泥石化。

4)找矿标志

硅化、重晶石化、黄铁矿化、碳酸盐化是区内寻找重晶石矿的重要标志。

2. 典型矿床遥感资料研究

在平面上,重晶石矿受断裂构造、岩浆活动及地层等因素控制明显:矿体产于峨查组与鹅顶组过渡带的断裂破碎带中;北西向的断裂带是控矿的主要构造带,而北东向和北北东向的断裂带则破坏了矿化带的连续与完整。

该类型重晶石矿的遥感近矿找矿标志为多条北西向线性构造、环形构造、构造破碎带与色要素叠加。在 RapidEye 影像中,矿区线、环、色要素较为发育,环形构造与线性构造的交会部位是找矿的有利地段。该矿区重晶石矿的见矿钻孔位于矿区南部的一个规模较大的环形构造与北西向线性构造的交会部位。色调异常为浅色调，与周边色调有明显差异。矿区影像中灰岩矿的开采形迹醒目，在影像中体现为面积较大的浅灰色图斑（图5-47）。

（三）海南省儋州冰岭风化壳型重晶石矿

1. 地质特征

1) 地质背景

矿区位于武夷-云开-台湾造山系五指山岩浆弧五指山褶冲带琼西岩浆弧内，王五-文教东西向断裂带南侧。矿区出露地层有古生界上石炭统青天峡组、中生界下白垩统鹿母湾组和新生界第四系，矿区南部为三叠纪黑云母二长花岗岩。

2) 成矿地质环境

冰岭风化壳型重晶石矿含矿地层主要为古生界上石炭统青天峡组第二段第四层，岩性以黑白相间的条带状含重晶石硅质岩、灰白色硅质岩、浅灰色硅质绢云母千枚岩夹浅灰褐黄色薄层变质石英粉砂岩为主，向上渐变为结晶灰岩。与之相关的岩浆岩主要是二叠纪中细粒似斑状黑云母花岗岩及一些脉岩，如石英岩脉、煌斑岩脉、细粒花岗岩脉等；成矿物质主要来源于早期的含矿物质的沉积以及受到后期一定热液的改造作用。

3) 蚀变类型及其分布

区段出露的石炭系，普遍受到变质作用的影响，变质程度较浅。中生代第二期花岗岩的外围接触带围岩，产生不同程度的接触变质作用。残积重晶石矿矿层未见顶板围岩，底板围岩为条带状含重晶石硅质岩，界面清晰，局部见有似碳酸盐岩风化层夹于其中。

4) 找矿标志

石炭系第二段第四层是区内寻找重晶石矿的重要标志。

2. 典型矿床遥感资料研究

矿区遥感影像中线性、环形构造特征隐晦，经波谱增强处理，结合矿区现有地质资料，仅能解译出少量线性构造。色调异常为浅色调，与周边色调有明显差异。矿区内遥感羟基、铁染异常信息不明显，无明显指示意义。遥感近矿找矿标志主要为线要素、色要素的组合（图5-48）。

图5-47 昌江保由重晶石矿工作区遥感解译图

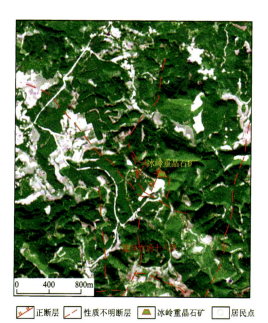

图5-48 海南省儋州冰岭风化壳型重晶石矿区遥感影像图

第七节 金矿预测遥感资料应用成果研究

海南省的金矿主要分布在西部、南部和东北部。本省金矿按成因类型主要分为三大类：戈枕-二甲破碎-蚀变岩型金矿，抱伦和富文热液型金矿以及砂矿型金矿（本次不预测）。海南省成矿预测组划分的金矿预测类型及预测方法见表5-47。

表5-47 海南省金矿预测类型一览表

矿床预测类型	基底建造	矿种	典型矿床	构造分区名称	成矿构造时段	分布范围	预测方法类型
戈枕式破碎-蚀变岩型金矿	中元古界抱板群	金	二甲金矿	昌江弧状构造岩浆带	长城纪—印支期	戈枕-二甲金矿区及外围	复合内生型
抱伦式脉型金矿	中元古界抱板群	金	抱伦金矿	昌江弧状构造岩浆带	印支期	红岭—抱伦一带	复合内生型
富文式脉型金矿	中元古界抱板群	金	富文金矿	琼海凹陷盆地	燕山期	富文金矿区及外围	复合内生型

一、金矿预测工作区遥感地质特征解译分析

根据不同类型金矿床的分布情况，将全岛划分为琼西戈枕、琼西红岭-尖峰、定安雷鸣盆地3个金矿预测工作区(图5-49)。各金矿预测工作区遥感地质特征分述如下。

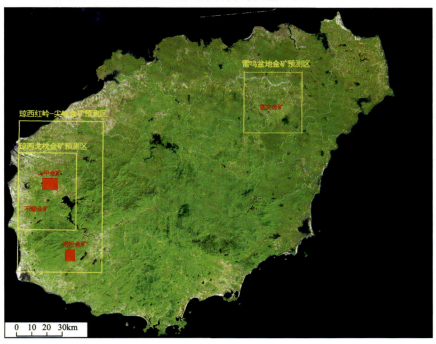

图5-49 金矿预测工作区范围及遥感特征图

(一)琼西戈枕预测工作区

琼西戈枕预测工作区位于岛西部的东方、昌江等市县内,面积约 2000km²。整体地貌呈东高西低的趋势,由东部的山地、丘陵区向西部的滨海平原地貌区趋缓(图 5-50)。

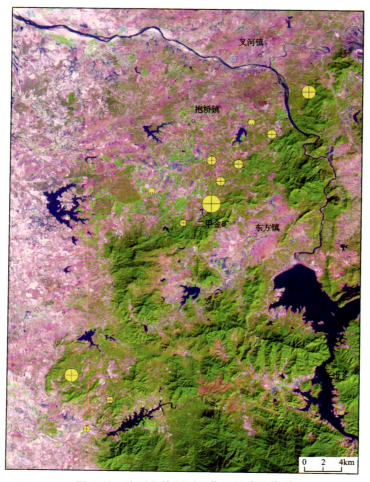

图 5-50 琼西戈枕预测工作区遥感影像图

1. 预测工作区遥感特征

结合预测工作区的地表植被及土壤覆盖等方面的因素,在遥感影像图的编制过程中,选用的是陆地卫星 ETM 图像数据中的波段 B5、B4 和 B3,分别赋予 R、G、B 的波段组合方案,并与 B8 融合,达到 15m 的分辨率,基本能满足预测工作区的要求。在此种光谱波段组合中,基本囊括了电磁频谱中的可见光、近红外和短波红外 3 个不同的光谱波段信息,其效果最佳,反差适中,色彩丰富,信息量大,能对区内的主要地面覆盖类型进行有效的区分。在 ETM5(R)、ETM4(G)、ETM3(B) 图像上,植被呈绿色,裸地及建筑物呈紫红色,水体呈深蓝色调。

遥感影像上,区内地貌分布具有鲜明的特点。西面为滨海平原地貌区,主要为第四纪的松散沉积,且多为农作物耕种区,以浅红色为主调,杂有绿色、蓝色斑块,水系较发育。岩浆岩主要分布于预测工作区南侧,为山地丘陵区,遥感影像呈墨绿色;预测工作区中部为花岗岩变质岩丘陵台地区,植被覆盖较好,以绿色为主;变质岩花岗岩山地丘陵区位于预测工作区中西侧,植被、水系发育,呈蓝色、绿色调

(图 5-50)。经室内的图像地质解译,结合野外地质验证,初步建立起了琼西戈枕金矿预测工作区主要地质体 ETM 遥感影像解译标志(表 5-48)。

表 5-48　琼西戈枕金矿预测工作区主要地质体 ETM(R5G4B3)影像遥感解译标志简表

岩类	时代	解译标志					主要岩性
		形态	色调	影纹	地貌	水系	
沉积岩	Q	带状、片状,边界不规则	草绿色、浅粉红色、灰白色	不显或较单一	以滨海平原和山前洪积阶地为主,少数为山间盆地	水系稀疏,以树枝状、平行状为主	松散砂土、砂、砾
	E+N	似椭圆形	深绿色、灰色	蠕虫状、姜状	丘陵地貌为主	树枝状	砂土、黏土、亚砂土
变质岩	Pz₁	带状、片状,形态大小不一,边界不清晰	草绿色—墨绿色、粉红色	粗影纹为主,条状、粗点状、斑块状	丘陵、中低山	水系中等发育,树枝状,局部钳状	变质砂岩、板岩、千枚岩、片岩、石英岩、白云质大理岩
	Pt₃	似椭圆状	绿色、粉红色	梳状影纹均匀	低山、丘陵	树枝状	板岩、片岩、石英岩、白云岩
混合岩	Pt₂	不规则状,边界不清晰	草绿色—黄绿色	细带状、斑点状,局部斑块状	以丘陵为主,局部为低山	水系发育中等,以树枝状为主	混合岩化斜长片麻岩、混合岩、片麻状花岗岩
侵入岩	燕山晚期	片状复式大岩基,边界不规则;长条状岩墙,边界较规则	黄绿色—墨绿色、粉红色	不均匀块状,羽状、带状	中低山、丘陵	树枝状,局部钳状	二长花岗岩、花岗闪长岩、钾长花岗岩、花岗岩
	燕山早期	复式岩基呈片状、椭圆状,边界多呈圆滑的长条形	墨绿色—草绿色,局部粉红色	带状、斑块状,局部羽状	中低山、丘陵	树枝状,局部平行状、钳状	钾长花岗岩、二长花岗岩
	印支期	片状、带状或长条状,边界多圆滑	草绿色为主,局部墨绿色、粉红色、米黄色	羽状、带状、斑块状	中低山地貌为主,局部为高山	树枝状,局部放射状	二长花岗岩、花岗岩
	海西期	片状、似圆状	草绿色、黄绿色	斑块状、带状,局部斑点状	中低山、丘陵	树枝状	花岗闪长岩、二长花岗岩、钾长花岗岩

1)区域地质构造特点及其遥感特征

琼西戈枕金矿预测工作区线、环构造发育,共解译出线性构造 50 条,环形构造 8 个。线性构造主要分为东西向、北东向、南北向、北西向等,以北东向为主,北西向次之。其中北东向有红岭-军营断裂带、戈枕断裂带、乐东-黎母山断裂带;南北向有鸡实-霸王岭断裂带;北西向有高峰-抱坡岭断裂带。

主要断裂构造遥感特征如下:

(1) 戈枕断裂(韧性剪切)带。北东起于土外山,往西南经戈枕岭、二甲红甫门岭、观音崩岭至尧文一带,长50多千米,总体走向45°~55°。它发育于抱板群与南碧沟组和陀烈组的接触带上,断裂带倾向北西为主,抱板群逆冲于南碧沟组和陀烈组之上,显示压性逆断层特征。但在断裂带的中段红甫门岭至西南段尧文一带,断裂面倾向南东,断裂带倾向较陡,一般为65°~85°。

该带在影像上呈现隆起,线性影像清晰,控制着与海西期韧性剪切变形变质和印支期岩浆热液活动作用有关的糜棱岩型金矿、碎裂岩型金矿和石英脉型金矿的分布。该带是海南岛金矿的主要成矿带。

(2) 红岭-军营褶皱带。分布于白沙坳陷带西侧,儋州市新开田经白沙县至昌江县王下大炎村一带。切过石炭纪地层,由多条平行分布的硅化破碎带和角砾岩带组成。主要由红岭-军营褶皱带和军营-乌烈断裂带组成。该带有金、铜、铁矿分布,在遥感影像上呈清晰的断续性影像。

(3) 新开田-大炎新村断裂。分布于白沙坳陷带西侧,儋州市新开田经白沙县至昌江县王下大炎村一带。断裂带总体走向北东,切过古生代地层、海西期—印支期花岗岩,并控制白沙坳陷带白垩纪盆地沉积和分布,又切过下白垩统鹿母湾组。沿断裂带断续可见挤压破碎带,形成硅化角砾岩、糜棱岩,并有燕山晚期岩脉或石英脉充填。

环形影像解译主要从反映不同的环形线或环形色块进行直观判读。琼西戈枕金矿预测工作区环状构造较为发育,共解译出8个环形体,面积大小不一(图5-51)。根据遥感解译所反映的环形影像,结合地质资料,对这些环形影像构造进行分类、解释如下(表5-49)。

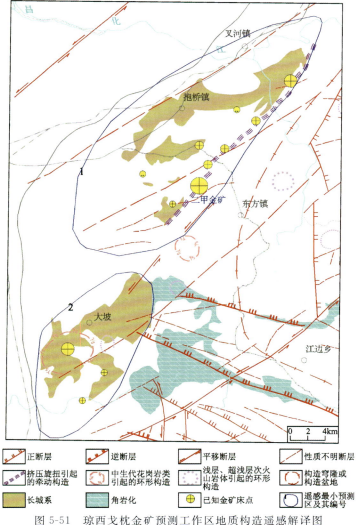

图5-51 琼西戈枕金矿预测工作区地质构造遥感解译图

表 5-49 琼西戈枕金矿预测工作区主要环形影像解译简表

编号	名称	面积(km²)	影像特征	地质特征	成因推测
1	不磨环形影像	24	影像清晰,圆形状单环,半弧状山体明显,水系不发育,多呈线状	环内出露长城系抱板群黑云斜长片麻岩、二云母片岩及中元古代花岗岩;发育有北东向及东西向断裂;不磨金矿床及公爱金矿点所在地	长城系抱板群、断裂构造
2	元门环形影像	13	影像清晰,圆形状环,边界清楚,环内细脉状影纹	环内分布下白垩统鹿母湾组砂岩、砂砾岩	陨石造成的坳陷

构造穹隆或构造盆地:这类环形影像共解译出 1 个,位于东方-元门地区,面积较大,为圆形状环,边界清楚,环内细脉状影纹,分布中生代岩体。

浅层、超浅层次火山岩体引起的环形构造:此类环形影像较为发育,发现有 4 处,主要沿着鸡实-霸王岭断裂带发育,该环形构造影像标志清晰,面积较小,个体均为小圆环,环内印支期二长花岗岩出露。

中生代花岗岩类引起的环形构造:此类环形影像共解译出 2 个,面积大小不一,色调一般较暗,不磨环形影像形迹较为清晰。

2)遥感异常信息分布

根据遥感异常的强弱程度对遥感异常进行分级处理,采取异常阈值进行分隔,分为 3 个等级,即高(一级异常)、中(二级异常)、弱(三级异常)3 级。利用 ETM 数据的 B1、B4、B5、B7 四个波段进行主成分分析,提取羟基异常,分成强、中、弱 3 级,分别用红、粉红和玫瑰红表示;利用 ETM 数据的 B1、B3、B4、B5 四个波段进行主成分分析,提取铁染异常,分成强、中、弱 3 级,分别用绿色、天蓝色和深蓝色表示。

先对工作区所涉及的 1 景 TM 数据进行异常提取,3 级异常的切割阈值分别为 223、207、191,得到异常图。但是这样得到异常图斑非常少,更谈不上与已知矿点的套合。由于矿床所在地区面积较小、背景相对单一,所以对于示范区采用了分区提取,并对切割水平进行降低,3 级异常阈值分别采用 188、181、175,这样提取出来较多的异常,经与部分已知矿点进行比对,仍发现大多数异常与已知矿点吻合程度不高。提取像元地面分辨率为 30m×30m 的羟基、铁染遥感异常信息,并进行异常筛选,编制了琼西戈枕金矿预测工作区羟基、铁染异常信息图(图 5-52、图 5-53)。

由于琼西戈枕金矿预测工作区植被和水系非常发育,异常信息不明显,指示意义不大。工作区内共提取出羟基异常图斑 6570 个,铁染异常图斑 2108 个。遥感铁染异常信息大多意义不明,羟基异常为无指示意义的异常(伪异常),铁染异常多呈片状分布在地层岩性发育地区,羟基异常多由沿海片状的黏土类矿物引起。羟基-铁染蚀变组合信息主要分布于沿海和河谷河漫滩地区,沿江边乡-抱桥镇的低洼地带有呈北西状分布。在工作区西部和西南部的玄武岩地区也有异常浓集。在预测工作区已知矿点中,矿点与铁染、羟基异常套合度不高。

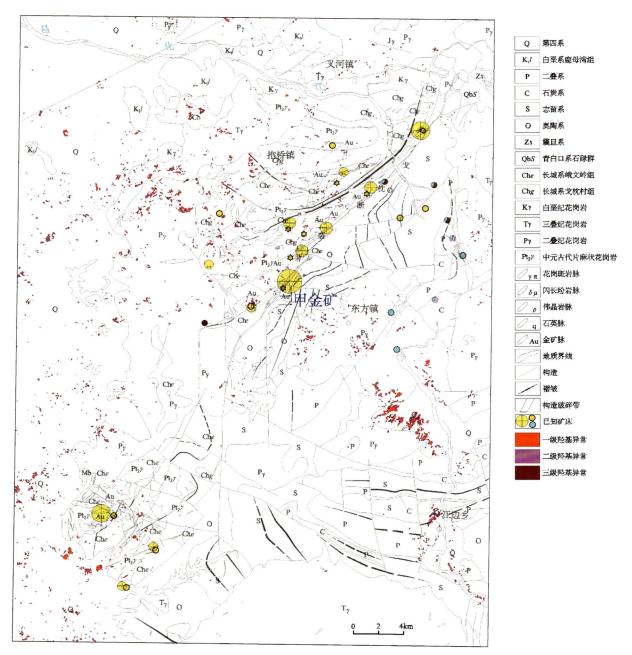

图 5-52 琼西戈枕金矿预测工作区羟基异常信息图

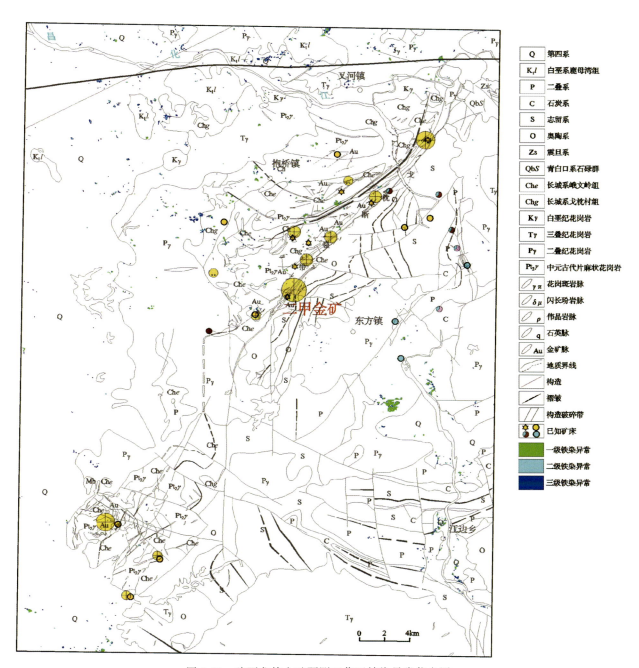

图 5-53 琼西戈枕金矿预测工作区铁染异常信息图

(二) 琼西红岭-尖峰预测工作区

琼西红岭-尖峰预测工作区分布在岛西部—西南部的儋州、东方、昌江、乐东、白沙等市县内，面积约 5675km²。五指山褶冲带，昌江-琼海大断裂和尖峰-吊罗大断裂均从该区穿过，该区位于这两条断裂的西段（图 5-54）。

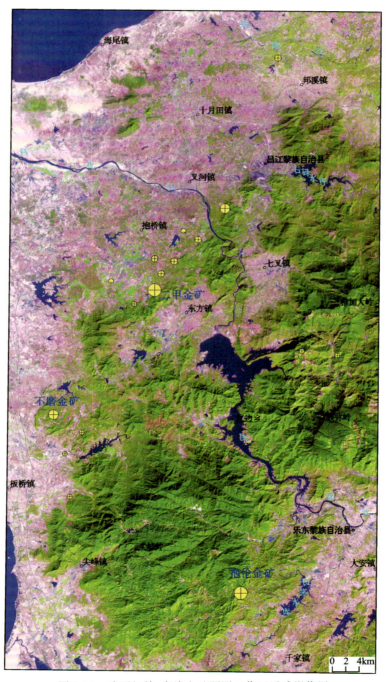

图 5-54 琼西红岭-尖峰金矿预测工作区遥感影像图

1. 预测工作区遥感特征

在遥感影像图的编制过程中,选用的是陆地卫星 ETM 图像数据中的波段 B5、B4 和 B3,并分别赋予 R、G、B 的波段组合方案,其效果最佳,反差适中,色彩丰富,信息量大,能对区内的主要地面覆盖类型进行有效的区分。在 ETM5(R)、ETM4(G)、ETM3(B)图像上,植被呈绿色,裸地及建筑物呈紫红色,水体呈深蓝色调。

琼西红岭-尖峰金矿预测工作区地处海南岛西部,预测工作区西侧为第四纪滨海平原区,植被发育,在遥感影像上呈绿色基本色调,但地貌和水系在不同构造层中反映的特征则特别明显,如第四纪构造层分布于沿海地区,以浅色调为主,地势平坦,河湖众多,沟道弯曲,树枝状水系发育,新生代火山岩则以蓝色、深绿色为主,地势平坦,蠕虫状斑点影纹(图 5-55)。经室内的图像地质解译,结合野外地质验证,初步建立起了预测工作区 ETM 遥感影像解译标志(表 5-50)。

表 5-50 琼西红岭-尖峰金矿预测工作区主要地质体 ETM(R5G4B3)影像遥感解译标志简表

岩类	时代	解译标志					主要岩性
		形态	色调	影纹	地貌	水系	
沉积岩	Q	带状、片状,边界不规则	草绿色、浅粉红色、灰白色	不显或较单一	以滨海平原和山前洪积阶地为主,少数为山间盆地	水系稀疏,以树枝状、平行状为主	松散砂土、砂、砾
	E+N	似椭圆形	深绿色、灰色	蠕虫状、姜状	丘陵地貌为主	树枝状	砂土、黏土、亚砂土
变质岩	Pz_1	带状、片状,形态大小不一,边界不清晰	草绿色—墨绿色、粉红色	以粗影纹为主,条状、粗点状、斑块状	丘陵、中低山	水系中等发育,树枝状,局部钳状	变质砂岩、板岩、千枚岩、片岩、石英岩、白云质大理岩
	Pt_3	似椭圆状	绿色、粉红色	梳状影纹均匀	低山、丘陵	树枝状	板岩、片岩、石英岩、白云岩
混合岩	Pt_2	不规则状,边界不清晰	草绿色—黄绿色	细带状、斑点状、局部斑块状	以丘陵为主,局部为低山	水系发育中等,以树枝状为主	混合岩化斜长片麻岩、混合岩、片麻状花岗岩
侵入岩	燕山晚期	片状复式大岩基,边界不规则;长条状岩墙,边界较规则	黄绿色—墨绿色、粉红色	不均匀块状、羽状、带状	中低山、丘陵	树枝状,局部钳状	二长花岗岩、花岗闪长岩、钾长花岗岩、花岗岩
	燕山早期	复式岩基呈片状、椭圆状,边界多呈圆滑的长条形	墨绿色—草绿色,局部粉红色	带状、斑块状,局部羽状	中低山、丘陵	树枝状,局部平行状、钳状	钾长花岗岩、二长花岗岩
	印支期	片状、带状或长条状,边界多圆滑	草绿色为主,局部墨绿色、粉红色、米黄色	羽状、带状、斑块状	中低山地貌为主,局部为高山	树枝状,局部放射状	二长花岗岩、花岗岩
	海西期	片状、似圆状	草绿色、黄绿色	斑块状、带状,局部麻点状影纹	中低山、丘陵	树枝状	花岗闪长岩、二长花岗岩、钾长花岗岩

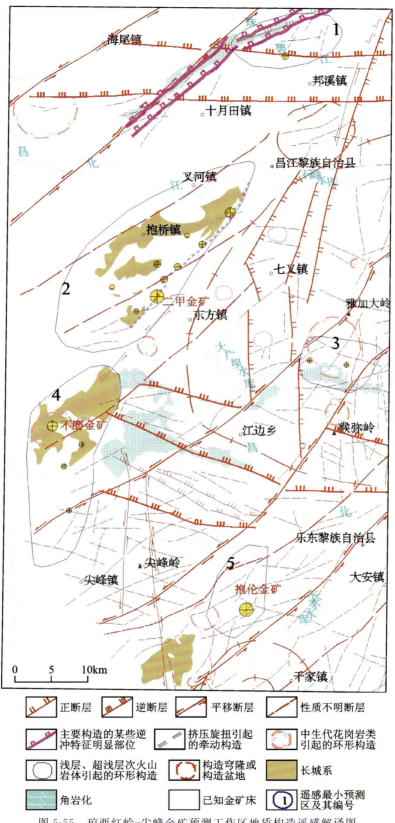

图 5-55 琼西红岭-尖峰金矿预测工作区地质构造遥感解译图

1)区域地质构造特点及其遥感特征

琼西红岭-尖峰金矿预测工作区线性、环形构造非常发育,共解译出线性构造245条,环形构造22个。线性构造主要分为东西向、北东向、南北向、北西向等,其中东西向断裂带3条:昌江-琼海断裂带、尖峰-吊罗断裂带、九所-陵水断裂带;北东向断裂带有红岭-军营断裂带、戈枕断裂带、乐东-黎母山断裂带、琼海-陵水断裂带;南北向断裂带有鸡实-霸王岭断裂带;北西向断裂带则有高峰-抱坡岭断裂带、冰岭断裂带。

主要断裂构造遥感特征如下:

(1)戈枕断裂(韧性剪切)带。该带在影像上呈现隆起,线性影像清晰,控制着与海西期韧性剪切变形变质和印支期岩浆热液活动作用有关的糜棱岩型金矿、碎裂岩型金矿和石英脉型金矿的分布。该断裂带是海南岛金矿的主要成矿带。

(2)红岭-军营断褶带。分布于白沙坳陷带西侧,儋州市新开田经白沙县至昌江县王下大炎村一带。切过石炭纪地层,由多条平行分布的硅化破碎带和角砾岩带组成。主要由红岭-军营褶皱带和军营-乌烈断裂带组成。该带有金、铜、铁矿分布,在遥感影像上呈清晰的断续性影像。

(3)新开田-大炎新村断裂带。分布于白沙坳陷带西侧,儋州市新开田经白沙县至昌江县王下大炎村一带。断裂带总体走向北东,切过古生代地层、海西期—印支期花岗岩,并控制白沙坳陷带白垩纪盆地沉积和分布,又切过下白垩统鹿母湾组。沿断裂带断续可见挤压破碎带,形成硅化角砾岩、糜棱岩,并有燕山晚期岩脉或石英脉充填。

(4)乐东-黎母山断裂带。为白沙坳陷带与五指山隆起区的分界。该带构造形迹线性影像特征属全省较为清晰的构造带之一,在影像上呈色调异常带。带内化探异常较多,主要控制铅、锌、钨、锡、萤石矿的分布。

(5)昌江-琼海断裂带。该断裂位于预测工作区北部,横贯东方、昌江、白沙、琼中、屯昌和琼海等市县内,总体走向东西,长约200km,沿断裂带展布着一系列巨大东西向山脉和河流,如三猴岭、长塘岭、里岭和昌化江等,在遥感影像上反映出东西向线性构造断续出现,尤以中段的儋州兰洋、澄迈新苗寨等段线性影像比较清晰。

环形影像解译主要从反映不同的环形线或环形色块进行直观判读。琼西红岭-尖峰金矿预测工作区环形构造较为发育,共解译出18个环形体(图5-55)。根据遥感解译所反映的环形影像,结合地质资料,对这些环形构造影像进行分类、解释如下。

构造穹隆或构造盆地:这类环形影像较为发育,共解译出4个,主要有元门、石门山、南林等环形影像。这些环形影像都呈圆环状或椭圆状,色调较明显,面积较大,由几十平方千米至上百平方千米不等。

浅层、超浅层次火山岩体引起的环形构造:发现有6处,主要沿着鸡实-霸王岭断裂带发育,该环形构造影像标志清晰,面积较小,个体均为小圆环,环内印支期二长花岗岩出露。

中生代花岗岩类引起的环形构造:此类环形影像最为发育,共解译出8个,面积大小不一,色调一般较暗。主要有不磨、王下、猴狝岭等环形影像。

主要环形构造遥感特征见表5-51。

表5-51 琼西红岭-尖峰金矿预测工作区主要环形影像解译简表

编号	名称	面积(km²)	影像特征	地质特征	成因推测
1	南林环形影像	102	影像清晰,等圆形环中叠有小环,内有环状山,水系不发育,呈分支状	处于海西期二长花岗岩、花岗闪长岩与同安岭火山岩接触部位	中酸性火山岩边界

续表 5-51

编号	名称	面积(km²)	影像特征	地质特征	成因推测
2	高峰环形影像	16	影像清晰，呈等圆形单环，环中心为一北东向的山背，具放射状水系	处于燕山期二长花岗岩与同安岭火山岩接触部位；汤他大岭磁铁矿点所在地	中酸性火山岩、火山机构边界
3	石门山环形影像	214	影像清晰，外环为椭圆状，长轴呈北西向，内有5个圆形小环，水系不发育	环中出露燕山晚期千家岩体，北北西向及南北向断裂发育，石门山钼、铅锌矿床，看树岭银矿床及后万岭铅锌矿床的所在地	千家岩体的不同单元
4	王下环形影像	41	影像清晰，为长轴呈南北向展布的椭圆形，西南角与一小环相接，环中影纹呈条带状，水系细而长，呈树枝状	环的北部出露印支期钾长花岗岩，中部出露下二叠统峨查组和鹅顶组板岩、灰岩，南部出露上石炭统青天峡组砂岩、板岩；南北向断裂与东西向断裂会合处；王下金矿点、明旺铜矿点及牙劳铅锌矿点所在地	断裂构造
5	不磨环形影像	24	影像清晰，圆形状单环，半弧状山体明显，水系不发育，多呈线状	环内出露长城系抱板群黑云斜长片麻岩，二云母片岩及中元古代花岗岩。发育有北东向及东西向断裂；不磨金矿床及公爱金矿点所在地	长城系抱板群、断裂构造
6	猴猕岭环形影像	16	影像清晰，圆形状环，有一小环叠加，中心为山脊，具放射性水系，条带状影纹	西北部出露下志留统陀烈组千枚岩、板岩，东南部出露下白垩统鹿母湾组砂岩、砂砾岩	断裂构造
7	元门环形影像	13	影像清晰，圆形状环，边界清楚，环内细脉状影纹	环带内分布下白垩统鹿母湾组砂岩、砂砾岩	陨石造成的坳陷
8	鹦哥岭环形影像	17	影像东部清晰，西部模糊，呈圆形状环，环内草绿色均匀，细脉状影纹，线状水系	环带内大部分分布下白垩统鹿母湾组砂岩、砂砾岩，东北角出露有印支期二长花岗岩	岩浆岩岩体、断裂构造
9	金鸡岭环形影像	38	影像清晰，环内外色调差异明显，放射状水系不发育	环外分布下白垩统鹿母湾组砂岩、砂砾岩，环内分布第四纪基性火山岩	基性火山岩、火山机构边界

2) 遥感异常信息分布

提取像元地面分辨率为 30m×30m 的羟基、铁染遥感异常信息，并进行异常筛选，编制琼西红岭-尖峰金矿预测工作区羟基异常信息图和琼西红岭-尖峰金矿预测工作区铁染异常信息图（图 5-56、图 5-57）。

根据异常出现的地层岩石、构造、矿化等地质矿产背景，大致可分为 4 类：

(1) 地层型异常，即分布在地层上的异常组合晕，它们一般值级较低，展布分散，异常单体规模小，并大多沿地层走向分布。

(2) 岩体型异常，即出现在各类岩浆侵入岩上，异常值级一般不高，分布无明显规律，分布范围与岩体形态大体相当。

(3) 接触带型异常，即出现在地层与岩体接触带上，值级不高，呈带状。

（4）矿化型异常，即出现的异常组合与矿床（点）吻合，一般值级较高，连续性较好，且有一定规模。

由于琼西红岭-尖峰金矿预测工作区植被和水系非常发育，异常信息不明显，指示意义不大。工作区内共提取出羟基异常图斑12 707，铁染异常图斑7176个。遥感铁染异常信息大多意义不明，羟基异常为无指示意义的异常（伪异常），铁染异常多呈片状分布在地层岩性发育地区，羟基异常多由沿海片状分布的黏土类矿物引起。羟基-铁染蚀变组合信息主要分布于沿海和河谷河漫滩地区，沿江边乡-抱桥镇的低洼地带呈北西向分布。在工作区西部和西南部的玄武岩地区也有异常浓集。在预测工作区已知矿点中，矿点与铁染、羟基异常套合度不高。

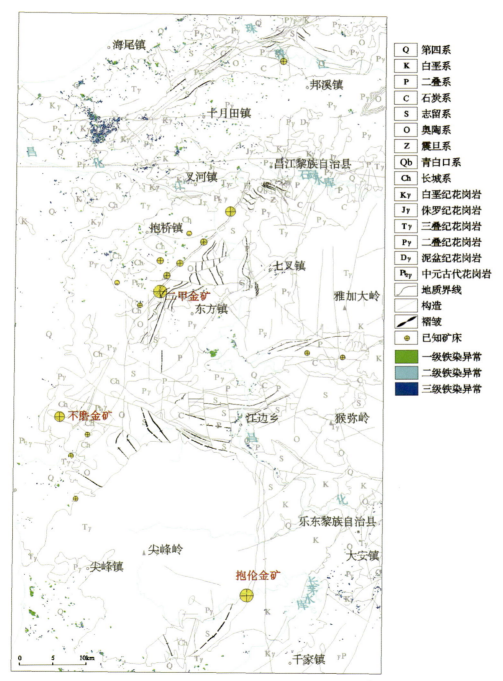

图 5-56　琼西红岭-尖峰金矿预测工作区铁染异常信息图

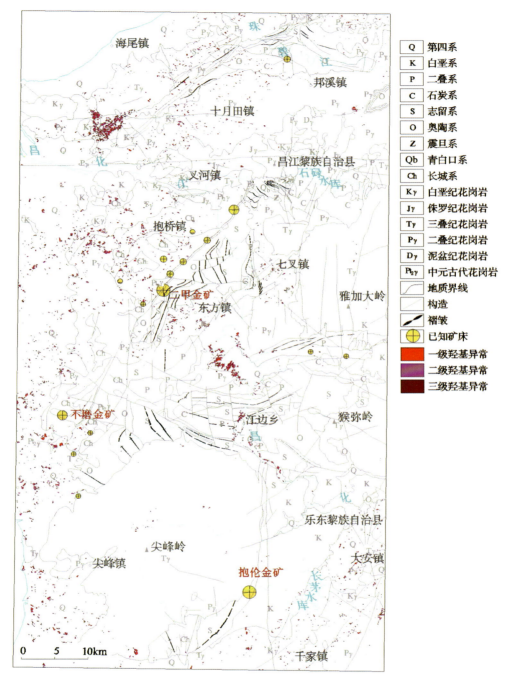

图 5-57 琼西红岭-尖峰金矿预测工作区羟基异常信息图

(三)定安雷鸣盆地金矿预测工作区

1. 地质构造背景及遥感特征

定安雷鸣金矿预测工作区分布在岛东北部的定安、屯昌、澄迈等市县内,面积约 1555km²。其范围与定安雷鸣银矿预测工作区相同。由于定安雷鸣金矿与银矿共(伴)生,定安雷鸣金矿预测工作区地质背景和遥感地质矿产特征及异常特征在银矿部分已经详细说明,在此不重复叙述。

2. 遥感在矿产预测中的作用分析

本预测工作区金银矿预测类型为富文式脉型银金矿,本省成矿规律预测组圈定的雷鸣盆地预测工作区,仅有富文1处中型金银矿床,该金银矿床位于雷鸣中生代白垩纪盆地与屯昌花岗岩体环形构造边缘部位。该类型矿床的找矿标志:北西组层间滑动断裂;燕山晚期的花岗闪长岩,以及黄铁矿化、硅化、绢云母化、绿泥石化、石英脉等。遥感影像标志主要为环形构造及线性构造,反映成矿信息的组合形式主要为线环组合、线环相切等,在线环相交的叠加部位应是成矿的有利地段。以上述标志的组合以及已有的矿产地为依据,本预测工作区圈定出遥感最小预测区1处(表5-52)。

表5-52 最小预测区特征表

图元编号	名称	矿床类型	预测矿种	判别依据	地质背景
1	富文	富文式脉型	金银矿	断裂:北西向,控矿断裂 主要矿产:金矿	构造位置:华南褶皱系五指山褶冲带。下白垩统鹿母湾组:砂砾岩、长石石英砂岩、粉砂岩、泥岩、安山-英安质火山岩;第四纪早更新世玄武岩

二、典型金矿床遥感地质特征分析

(一)东方二甲金矿

1. 典型矿床遥感特征

1)地质特征

(1)区域地质背景。海南省东方二甲构造破碎蚀变岩型金矿位于昌江-琼海与尖峰-吊罗东西向断裂带之间,五指山褶冲带抱板隆起区抱板群基底出露区边缘与奥陶系、志留系接触处,区内地层主要有长城系抱板群(包括峨文岭组和戈枕村组)、奥陶系南碧沟组、志留系陀烈组。侵入岩主要有中元古代片麻状花岗岩、片麻状混合花岗闪长岩,印支期二长花岗岩,燕山早期二长花岗岩。构造主要为北东向戈枕剪切带,东西向二甲断裂及北西向断裂构造。

(2)成矿地质环境。与成矿关系较密切的岩浆岩有印支期二长花岗岩,在各类金矿附近,常有大量燕山期岩脉穿插。

戈枕韧性剪切带是主要的控矿构造,该剪切带北起石碌金牛岭,向南西经土外山、抱板、二甲至公爱、中沙一带。

(3)蚀变类型及其分布。围岩蚀变主要有硅化、绢云母化,还有绿泥石化、黄铁矿化、碳酸盐化等。硅化与金的成矿关系最为密切,蚀变糜棱型、蚀变碎裂岩型金矿硅化具有对称分带特征,由中心向外,硅化由强变弱,金含量由高变低。石英脉型金矿硅化、绢云母化和黄铁矿化沿矿脉两侧呈线形分布,由矿脉向外,硅化、绢云母逐渐减弱。

（4）找矿标志。该类型金矿的找矿标志主要有抱板群地层、韧性剪切带及其边缘的韧性-脆性断裂带，旁侧的脆性构造带，硅化、绢云母化及黄铁矿化。

2）遥感特征

结合典型矿床所在地区地表植被及地面覆盖等方面的因素，在典型矿床遥感影像图的编制过程中，选用的是 SPOT-5 卫星图像数据中的波段 SWIR、B1 和 B3，并分别赋予红（R）、绿（G）、蓝（B）的波段组合方案，并与全色波（m）组合，所产生的假彩色图像具有较大的信息量，空间分辨率达到 2.5m。在此种光谱波段组合中，基本包括了电磁频谱中的可见光、近红外的光谱波段信息。因此，在最终所获得的图像中呈现自然彩色特征，地面物体及岩性的识别分析效果最好，最终能对主要地面覆盖类型进行有效的区分，基本能满足 1∶1 万比例尺影像图的需要（图 5-58）。

图 5-58　乐东二甲金矿床遥感影像图

乐东二甲金矿床地处海南岛西部的低山丘陵区，花岗斑岩体出露，植被、水系发育，在 SPOT-5 影像中以蓝色、绿色为主色调，呈斑块状影纹。工作区线性构造发育，从构造格架看，区内北东向断裂构造占主导地位，以戈枕断裂（韧性剪切）带为代表，控制了主要山脉走向。工作区环形构造不发育。乐东二甲金矿床产出于戈枕断裂（韧性剪切）带中南部，在影像上有多处采矿痕迹清晰可辨，表明该处有良好的成矿地质环境（图 5-59）。

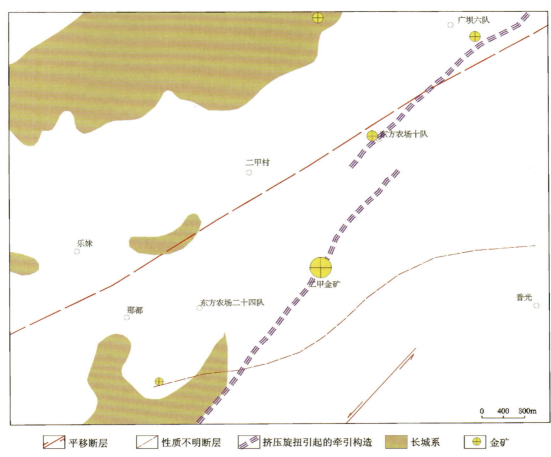

图 5-59 乐东二甲金矿床遥感矿产地质特征与近矿找矿标志解译图

(二)乐东抱伦金矿

1. 典型矿床遥感特征

1)地质特征

(1)地质背景。海南省乐东抱伦热液型金矿处于东西向尖峰-吊罗深大断裂带与九所-陵水深大断裂带之间,抱板隆起与白沙坳陷的边缘地带。区内主要分布有中元古界长城系抱板群深变质岩系、志留纪浅变质岩、白垩纪陆相沉积岩,及印支期、燕山期的花岗岩。

(2)成矿地质环境。矿体主要赋存于豪岗岭背斜陀烈组中的北北西向破碎带中。北北西向的含矿破碎带位于豪岗岭背斜的转折端至核部,该背斜可能形成于加里东期,后又经过印支期和燕山期岩浆侵入及燕山期构造的改造。北北西向断裂破碎带主要分布于陀烈组地层中并穿过北部的晚三叠世花岗岩。

(3)蚀变类型及其分布。围岩蚀变主要有硅化、绢云母化、绿泥石化、碳酸盐化、黄铁矿化及白云母化等,偶见钠长石化。蚀变分布严格地受到含矿构造带的制约,呈狭窄带状产出,其中硅化与矿化关系最为密切。

(4)找矿标志。该类型金矿的找矿标志主要有下志留统陀烈组下段地层、背斜转折端的北北西向断裂带、印支期花岗岩,以及围岩蚀变标志,即硅化、绢云母化、绿泥石化、黄铁矿化。

2)遥感特征

抱伦金矿区地处海南岛西南部的低山丘陵区,花岗斑岩体出露,植被发育,在 IKONOS 影像中以墨绿色为主色调。工作区线性构造发育,从构造格架看,区内北东向断裂构造占主导地位,以抱伦断裂为代表,控制了主要山脉走向。工作区环形构造不发育。抱伦金矿床产于一条北东向构造的边部,构造性质不明(图 5-60)。

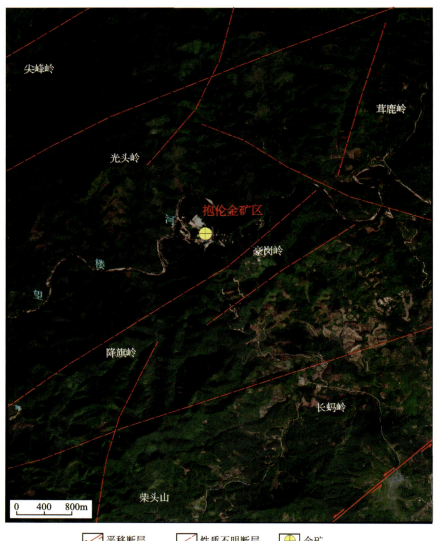

图 5-60　抱伦金矿床遥感影像图

(三)定安富文金矿

海南定安富文石英脉型金矿与定安富文石英脉型银矿伴生,该矿床的地质遥感特征与银矿相同,在此不再重复叙述,具体详见本章第一节中海南省定安富文石英脉型银矿的内容。

第八节 铜矿预测遥感资料应用成果研究

海南省的铜矿主要分布在西南部和南部。本省铜矿按成因类型主要分为三大类：振海山-摩天岭的接触交代型铜硫矿、岭曲的火山热液型铜矿、烟塘梅岭的斑岩型铜矿。海南省成矿预测组划分的铜矿预测类型及预测方法见表5-53。

表5-53 海南省铜矿预测类型一览表

矿床预测类型	基底建造	矿种	典型矿床	构造分区名称	成矿构造时段	分布范围	预测方法类型
紫金山式火山岩型铜矿	白垩纪火山岩	铜	岭曲铜矿	保亭岩浆弧	燕山期	同安岭—牛腊岭	火山岩型
石碌式沉积变质型铜矿	中元古界抱板群	铁、铜、钴、镍、硫铁矿（共生银矿）	石碌铜矿	昌江弧状构造岩浆带	晋宁期—震旦纪	石碌铁矿区及外围	沉积变质型

一、铜矿预测工作区遥感地质特征解译分析

根据铜矿床的分布情况，圈定同安岭-牛腊岭铜矿预测工作区和昌江石碌预测工作区（图5-61）。各铜预测工作区遥感地质特征简述如下。

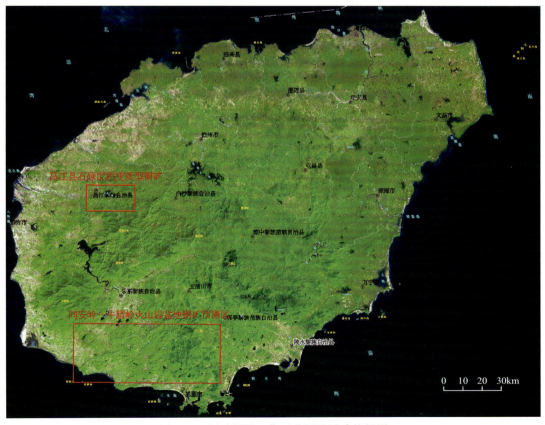

图 5-61 铜矿预测工作区范围及遥感特征图

(一)同安岭-牛腊岭铜矿预测工作区

安岭-牛腊岭铜矿预测工作区分布在岛南部的三亚、保亭、乐东等市县内,面积约1983km²。区域构造位置属五指山岩浆弧与三亚地体的过渡地带,沿着九所-陵水东西向深大断裂带分布。火山岩带由西段的牛腊岭火山岩盆和东段的同安岭火山岩盆组成,二者之间为海西期二长花岗岩和燕山早期罗蓬二长花岗岩体所分隔。

1.预测工作区遥感特征

预测工作区遥感影像图的编制选用的是陆地卫星ETM图像数据中的波段B5、B4和B3,分别赋予R、G、B的波段组合方案,并与B8融合,达到15m的分辨率,基本能满足预测工作区的要求。在此种光谱波段组合中,基本囊括了电磁频谱中的可见光、近红外和短波红外3个不同的光谱波段信息,其效果最佳,反差适中,色彩丰富,信息量大,能对区内的主要地面覆盖类型进行有效区分。在ETM5(R)、ETM4(G)、ETM3(B)图像上,植被呈绿色,裸地及建筑物呈紫红色,水体呈深蓝色调。

1)区域地质构造遥感特征

同安岭-牛腊岭铜矿预测工作区位于岛西南部,植被发育,在遥感影像上色调呈绿色基本色调。地貌和水系在不同构造层中反映特征则特别明显,如第四纪构造层分布于预测工作区西部沿海地区,以浅红色调为主,地势平坦,河湖众多,沟道弯曲,树枝状水系发育,而新生代火山岩则以蓝色、深绿色为主,地势平坦,蠕虫状斑点影纹(图5-62)。经室内的图像地质解译,结合野外地质验证,初步建立起了同安岭-牛腊岭铜矿预测工作区主要地质体ETM遥感影像解译标志(表5-54)。

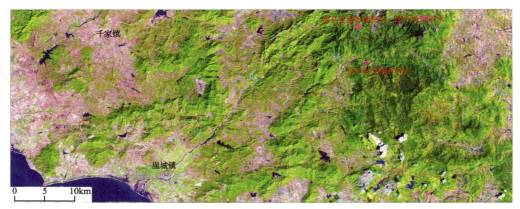

图5-62 同安岭-牛腊岭铜矿预测工作区遥感影像图

表5-54 同安岭-牛腊岭铜矿预测工作区主要地质体ETM(R5G4B3)影像遥感解译标志简表

岩类	时代	解译标志					主要岩性
		形态	色调	影纹	地貌	水系	
沉积岩	Q	带状、片状,边界不规则	草绿色、浅粉红色、灰白色	不显或较单一	以滨海平原和山前洪积阶地为主,少数为山间盆地	水系稀疏,以树枝状、平行状为主	松散砂土、砂、砾
	E+N	似椭圆形	深绿色、灰色	蠕虫状、姜状	丘陵地貌为主	树枝状	砂土、黏土、亚砂土
	K	带状、长条状、片状,多呈直线边界	墨绿色、深绿色、草绿色、粉红色、米黄色	斑点状、橘皮状、蠕虫状、斑块状、条带状、梳状	以低—中山地貌为主	树枝状为主,局部有扇状、平行状	砂岩、砂砾岩

同安岭-牛腊岭铜矿预测工作区线性、环形构造发育,断裂迹象明显。共解译出线性构造122条,环形构造47个。线性构造以北东向为主,东西向和南北向次之(图5-63)。其中北东向断裂带主要有乐东-黎母山断裂和抱伦断裂,断裂带由多条断层组成,断层迹象清楚;东西向有九所-陵水断裂带;南北向断裂带有番阳-高峰断裂带和毛阳-荔枝沟断裂带,形迹清晰。根据解译,岭曲铜矿与南好振海山-摩天岭铜矿有线、环两要素存在。线要素代表断裂构造导矿、控矿、成矿和容矿作用,环要素说明有岩浆活动,提供成矿物质来源。

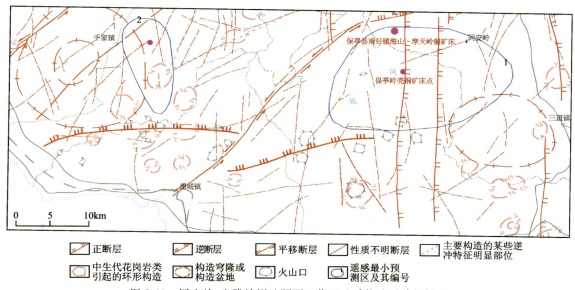

图5-63 同安岭-牛腊岭铜矿预测工作区地质构造遥感解译图

主要断裂构造遥感特征如下。

(1)九所-陵水断裂带:位于预测工作区北部,该带在影像上主要呈现中生代火山岩的同安岭、牛腊岭沿断裂带分布。该带上有金、多金属矿分布。

(2)抱伦断裂带:位于预测工作区西南侧,在影像上呈现明显的线性影像特征,该带与北北西断裂构造交会部位,控制着与印支期岩浆热液作用有关的金矿分布。

(3)乐东-黎母山断裂带:沿着预测工作区西南端向东北部延伸,为白沙坳陷带与五指山隆起区的分界。该带构造形迹线性影像特征属全省较为清晰的构造带之一,在影像上呈色调异常带。带内化探异常较多,主要控制铅、锌、钨、锡、萤石矿的分布。

同安岭-牛腊岭铜矿预测工作区环形构造非常发育,本次共解译出49个。根据遥感解译所反映的环形影像,结合地质资料,对这些环形构造影像进行分类、解释如下。

构造穹隆或构造盆地:这类环形影像共解译出3个,其中的石门山环形影像和南林环形影像面积较大,为圆形状环,边界清楚,环内细脉状影纹,分布中生代岩体。

浅层、超浅层次火山岩体引起的环形构造:此类环形影像较为发育,发现有4处,主要沿着鸡实-霸王岭断裂带发育,该环形构造影像标志清晰,面积较小,个体均为小圆环。

中生代花岗岩类引起的环形构造:此类环形影像非常发育,共解译出22个,面积大小不一,色调一般较暗,其中的高峰环形影像为复合环,面积较大,形迹清晰。

火山口:预测工作区火山口非常发育,共解译出18个,面积一般较小,呈小圆环状。火山活动不仅给成矿提供了赋存空间,而且由于它与岩浆的渊源关系,矿质来源丰富,预测工作区大量的矿化已说明了这一点。

主要的环形构造遥感特征见表5-55。

表 5-55　同安岭-牛腊岭铜矿预测工作区主要环形影像解译简表

编号	名称	面积（km²）	影像特征	地质特征	成因推测
1	南林环形影像	102	影像清晰，等圆形环中叠有小环，内有环状山，水系不发育，呈分支状	处于海西期二长花岗岩、花岗闪长岩与同安岭火山岩接触部位	中酸性火山岩边界
2	高峰环形影像	16	影像清晰，呈等圆形单环，环中心为一北东向的山背，具放射状水系	处于燕山期二长花岗岩与同安岭火山岩接触部位；汤他大岭磁铁矿点所在地	中酸性火山岩，火山机构边界
3	石门山环形影像	214	影像清晰，外环为椭圆状，长轴呈北西向，内有5个圆形小环，水系不发育	环中出露燕山晚期千家岩体，北北西向及南北向断裂发育，石门山钼、铅锌矿床，看树岭银矿床及后万岭铅锌矿床所在地	千家岩体的不同单元

2. 遥感异常信息分布

先对工作区所涉及的2景TM数据进行异常提取，3级异常的切割阈值分别为223、207、191，得到异常图。但是这样得到异常图斑非常少，更谈不上与已知矿点的套合。由于矿床所在地区面积较小、背景相对单一，所以对于示范区采用了分区提取，并对切割水平进行降低，3级异常阈值分别采用188、181、175，这样提取出来较多的异常，经与部分已知矿点进行比对，仍发现大多数异常与已知矿点吻合程度不高。提取像元地面分辨率为30m×30m的羟基、铁染遥感异常信息，并进行异常筛选，编制同安岭-牛腊岭铜矿预测工作区羟基异常信息图和同安岭-牛腊岭铜矿预测工作区铁染异常信息图（图5-64、图5-65）。

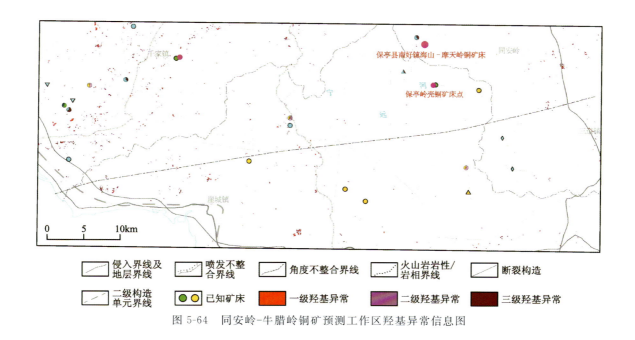

图 5-64　同安岭-牛腊岭铜矿预测工作区羟基异常信息图

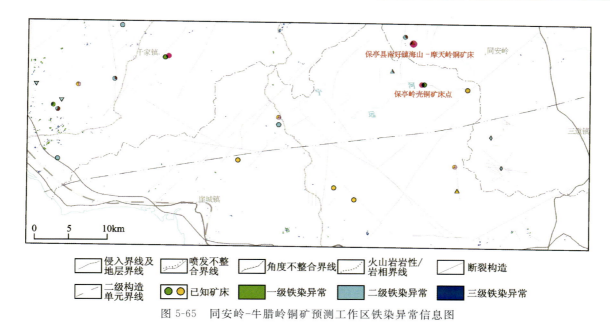

图 5-65 同安岭-牛腊岭铜矿预测工作区铁染异常信息图

由于同安岭-牛腊岭铜矿预测工作区植被和水系非常发育,异常信息不明显,指示意义不大。工作区内共提取出羟基异常图斑 2126 个,铁染异常图斑 886 个。遥感铁染异常信息大多意义不明,羟基异常无指示意义(伪异常),铁染异常信息多呈片状分布在地层岩性发育地区,羟基异常多由沿海片状的黏土类矿物引起。羟基-铁染蚀变组合信息主要分布于西部沿海和河谷河漫滩地区,沿崖城—千家的沿海地带有呈北西向分布。在工作区西部和西南部的玄武岩地区也有异常浓集。在预测工作区已知矿点中,矿点与铁染、羟基异常套和度不高。

(二)昌江石碌铜矿预测工作区

海南省昌江县石碌沉积变质型铜矿与石碌沉积变质型银矿伴生,该矿床的遥感地质特征与银矿相同,在此不再重复描述,具体详见本章第一节中海南省昌江县石碌沉积变质型银矿的内容。

二、典型铜矿床遥感地质特征分析

(一)海南三亚市岭曲铜矿

海南岛铜矿的典型矿床主要分布在岛南部的三亚市岭曲村一带,仅有 1 处。其地质遥感特征简述如下。

1. 地质特征

1)区域地质背景

矿区处于武夷-云开-台湾造山系五指山岩浆弧五指山褶冲带琼东陆内盆地,东西向九所-陵水深大断裂带中段北侧,晚白垩世岩浆活动带。

2)成矿地质环境

矿区位于武夷-云开-台湾造山系五指山岩浆弧五指山褶冲带琼东陆内盆地南部,东西向九所-陵水深大断裂带中段北侧,处于同安岭火山岩盆地北西部边缘的抱差岭破火山喷溢相的火山岩中。

3) 蚀变类型及其分布

围岩蚀变主要有硅化、绿泥石化为主,次为钾长石化、黄铁矿化、黄铜矿化和碳酸盐化。

4) 找矿标志

该类型铜矿的找矿标志主要有沿北西向断裂构造带,石英脉,硅化、绢云母化、绿泥石化、黄铁矿化、碳酸盐化等蚀变。

2. 遥感特征

三亚岭曲铜矿床地处海南岛南部的低山丘陵区,植被极为发育。在 SPOT-5 影像中色调以深绿色或绿色为主。工作区线性构造发育,番阳-高峰断裂带贯穿南北,控制了主要山脉走向,在影像上形迹表现清晰。三亚岭曲铜矿床产出于番阳-高峰断裂带中部。工作区环形构造不发育,遥感蚀变异常不明显。矿区近矿找矿标志主要为沿北西向线性构造(图5-66)。

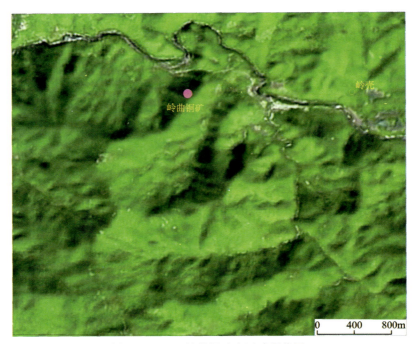

图 5-66　三亚岭曲铜矿床遥感影像图

(二)海南昌江石碌沉积变质型铜矿

海南省昌江县石碌沉积变质型铜矿与石碌沉积变质型银矿伴生,该矿床的地质遥感特征与银矿相同,在此不再重复叙述,具体详见本章第一节中海南省昌江县石碌沉积变质型银矿的内容。

第九节　铅锌矿预测遥感资料应用成果研究

海南省的铅锌矿分布全省各地,但只有热液型和接触交代型两种类型。海南省成矿预测组划分的铅锌矿预测类型及预测方法见表5-56。

表 5-56　海南省铅锌矿预测类型一览表

矿床预测类型	基底建造	矿种	典型矿床	构造分区名称	成矿构造时段	分布范围	预测方法类型
桃林式脉状铅锌矿	二叠纪—白垩纪侵入岩	铅锌	后万岭铅锌矿	保亭岩浆弧	燕山期	全省	复合内生型

一、铅锌矿预测工作区遥感地质特征解译分析

根据铅锌矿床的分布情况，圈定海南岩浆弧预测工作区（见图5-2）。

铅锌矿的海南岛预测工作区与银矿的海南岛预测工作区范围相同，预测工作区地质构造背景和遥感地质矿产特征及遥感异常可参考本章第一节中的内容，在此不重复叙述。

二、典型铅锌矿床遥感地质特征分析

海南省铅锌矿的典型矿床主要分布在西南部的乐东县后万岭一带，仅有1处。其地质遥感特征简述如下。

1. 地质特征

1）地质背景

矿区处于武夷-云开-台湾造山系五指山岩浆弧五指山褶冲带琼东南陆内盆地西南部，以及晚白垩世岩浆活动带、九所-陵水深大断裂带北侧，区域性北东向断裂的次一级晚期北北西向断裂的中段和千家岩体中部。

2）成矿地质环境

武夷-云开-台湾造山系五指山岩浆弧五指山褶冲带琼东陆内盆地西南部与琼西岩浆弧交会部位，琼西南北向断裂构造带南段，九所-陵水深大断裂北侧附近，南球牛岭断裂南段，以及北北西向—近南北向扭张性断裂、晚白垩世早期花岗质岩浆侵入体存在。

3）蚀变类型及其分布

围岩蚀变主要有硅化、绢云母化，次为绿泥石化、高岭土化、黄铁矿化和碳酸盐化，其特点是以矿化石英脉为中心，往两侧依次出现有绢英岩，绢云母化碎裂岩，硅化、绢云母化二长花岗岩，绢云母化花岗岩。

4）找矿标志

该类型铅锌矿的找矿标志主要有沿北北东—北北西向带状山脊出现的断裂带，绢云母化、硅化强烈地段，地表脉带蜂窝状明显的地段。

2. 典型矿床遥感特征

后万岭铅锌矿区地处海南岛西南部的剥蚀丘陵区，花岗斑岩体出露，植被发育，在ETM影像中以绿色和粉红色为主色调。工作区线性构造发育，从构造格架看，区内北东向断裂构造占主导地位，以乐东-黎母山断裂为代表，控制了主要山脉走向。工作区西北部有一个小型环形构造发育，后万岭铅锌矿床产出于一个环形构造与一条近南北向构造的交会部位（图5-67）

图 5-67　后万岭铅锌矿床遥感解译图

第十节 钨矿预测遥感资料应用成果研究

海南省的钨矿主要分布在西部和西南部。本省钨矿按成因类型主要分为三大类：兰洋接触交代型钨矿、黎母岭砂矿型钨矿（本次不预测）、尖峰红门热液型钨矿。海南省成矿预测组划分的钨矿预测类型及预测方法见表 5-57。

表 5-57 海南省钨矿预测类型一览表

矿床预测类型	基底建造	矿种	典型矿床	构造分区名称	成矿构造时段	分布范围	预测方法类型
莲花山式斑岩型钨矿	三叠纪侵入岩	钨	尖峰红门钨矿	昌江弧状构造岩浆带	燕山期	尖峰红门钨矿区及外围	侵入岩体型
新田岭式矽卡岩型钨矿	中元古界抱板群	钨	兰洋钨矿	昌江弧状构造岩浆带	印支期	兰洋钨矿区及外围	矽卡岩型

一、钨矿预测工作区遥感地质特征解译分析

根据不同类型钨矿床的分布情况，将全岛划分为尖峰、儋州兰洋两个钨矿预测工作区（图 5-68）。各钨矿预测工作区地质构造特征分述如下。

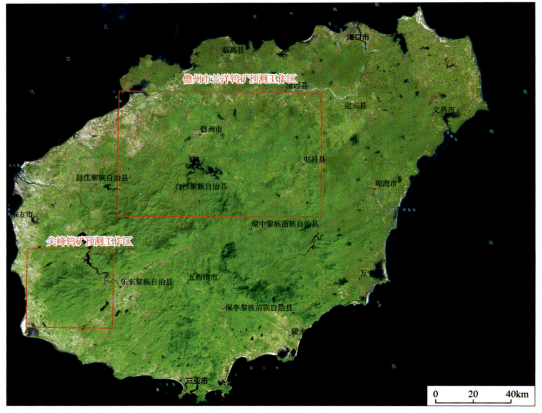

图 5-68 钨矿预测工作区范围及遥感特征图

(一)尖峰红门预测工作区

尖峰红门钨矿预测工作区分布在岛西部的东方、乐东县境内的尖峰岭一带,面积约 $1996km^2$。区域构造位置属五指山褶冲带的西南端,尖峰-吊罗东西向深大断裂带的西段,以尖峰岭岩体为主体的分布地区。

1. 区域地质构造遥感特征

尖峰红门钨矿预测工作区位于海南岛西南部的乐东-尖峰地区,区内大面积为印支期尖峰岭钾长花岗岩体占据,岩体的西北、东北和东南三面为奥陶系南碧沟组,下志留统陀烈组,上白垩统报万组以及长城系抱板群等地层环绕。奥陶系南碧沟组和下志留统陀烈组因尖峰岭岩体的侵位破坏而支离破碎,其中陀烈组千枚岩、含碳千枚岩是区内金矿赋矿层位。尖峰岩体分布区是寻找钨、锡、铅、锌的重要靶区。经室内的图像地质解译,结合野外地质验证,初步建立起了尖峰红门钨矿预测工作区主要地质体 ETM 遥感影像解译标志(表 5-58,图 5-69)。

表 5-58 尖峰红门钨矿预测工作区主要地质体 ETM(R5G4B3)影像遥感解译标志简表

岩类	时代	解译标志					主要岩性
		形态	色调	影纹	地貌	水系	
沉积岩	Q	带状、片状,边界不规则	草绿色、浅粉红色、灰白色	不显或较单一	以滨海平原和山前洪积阶地为主,少数为山间盆地	水系稀疏,以树枝状、平行状为主	松散砂土、砂、砾
	E+N	似椭圆形	深绿色、灰色	蠕虫状、姜状	丘陵地貌为主	树枝状	砂土、黏土、亚砂土
	K	带状、长条状、片状,多呈直线边界	墨绿色、深绿色、草绿色、粉红色、米黄色	斑点状、橘皮状、蠕虫状,斑块状、条带状、梳状	阳江、雷鸣、王五红盆为丘陵地貌,白沙红盆以低—中山地貌为主	树枝状为主,局部扇状、平行状	砂岩、砂砾岩
侵入岩	燕山晚期	片状复式大岩基,边界不规则;长条状岩墙,边界较规则	黄绿色—墨绿色、粉红色	不均匀块状,羽状、带状	中低山、丘陵	树枝状,局部钳状	二长花岗岩、花岗闪长岩、钾长花岗岩、花岗岩
	印支期	片状、带状或长条状,边界多圆滑	草绿色为主,局部墨绿色、粉红色、米黄色	羽状、带状、斑块状	中低山地貌为主,局部为高山	树枝状,局部放射状	二长花岗岩、花岗岩

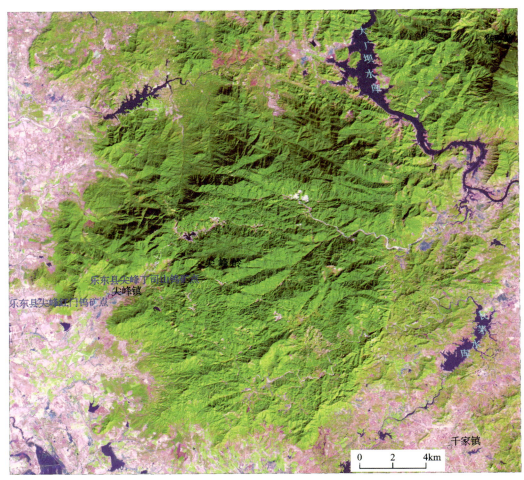

图 5-69 尖峰红门钨矿预测工作区遥感影像图

遥感影像上预测工作区地貌特点鲜明，预测工作区西侧为滨海平原地貌区，主要为第四纪松散沉积，影像上呈浅红色。预测工作区西南部有白垩纪地层分布，呈红褐色调。预测工作区中部的尖峰岩体地形起伏较大，呈现隆起，植被覆盖较好，遥感影像呈墨绿色，沟谷较窄，棱角分明。在遥感影像上北东向、北西向及南北向线性构造发育，其中前两组线性构造构成尖峰岭大菱形构造。此外，还解译有 9 个环形构造（图 5-70）。

区内主要线性构造中，北东向断裂带有新开田-大炎新村断裂带；南北向断裂带有鸡实-霸王岭断裂带、抱伦断裂带；北西向断裂带有尖峰-吊罗断裂带。主要断裂遥感特征描述如下。

（1）新开田-大炎新村断裂带：分布于白沙坳陷带西侧，在影像上形迹清晰。断裂带总体走向北东，切过古生代地层、海西期—印支期花岗岩，并控制白沙坳陷带白垩纪盆地沉积和分布，又切过下白垩统鹿母湾组。沿断裂带断续可见挤压破碎带，形成硅化角砾岩、糜棱岩，并有燕山晚期岩脉或石英脉充填。

（2）抱伦断裂带：在影像上呈现明显的线性影像特征，该带与北北西向断裂构造交会部位，控制着与印支期岩浆热液作用有关的金矿分布。

（3）尖峰-吊罗断裂带：横贯尖峰岩体，遥感影像上清晰呈线性状影纹。沿该构造带展布范围内的花岗岩体中都见到有东西向破裂面构成的挤压破碎带。这些现象说明该构造带中海西期、印支期和燕山期有强烈活动，并表现为压性或扭压性特征。

尖峰红门钨矿预测工作区环形构造主要发育在尖峰岩体周围，共解译出 7 个环形构造（图 5-70）。根据遥感解译所反映的环形影像，结合地质资料，对这些环形构造影像进行分类、解释如表 5-59 所示。

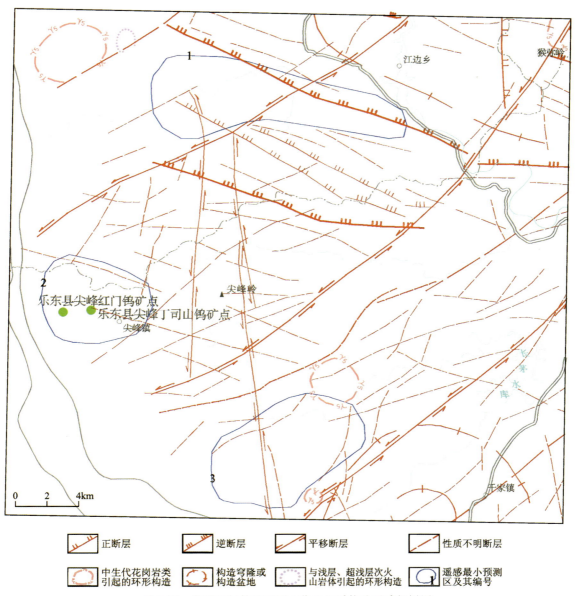

图 5-70 尖峰红门钨矿预测工作区地质构造遥感解译图

构造穹隆或构造盆地：这类环形影像共解译出 2 个，分别为元门环形影像和石门山环形影像，面积较大，为圆形状环，边界清楚，环内细脉状影纹，分布中生代岩体。

浅层、超浅层次火山岩体引起的环形构造：发现有 1 处，该环形构造影像标志清晰，面积较小，个体均为小圆环。

中生代花岗岩类引起的环形构造：此类环形影像共解译出 4 个，面积大小不一，其中的不磨和猴猕岭两个环形影像规模较大，形迹清晰。

表 5-59 尖峰红门钨矿预测工作区主要环形影像解译简表

编号	名称	面积(km²)	影像特征	地质特征	成因推测
1	石门山环形影像	214	影像清晰，外环为椭圆状，长轴呈北西向，内有 5 个圆形小环，水系不发育	环中出露燕山晚期千家岩体，北北西向及南北向断裂发育，石门山钼、铅锌矿床，看树岭银矿床及后万岭铅锌矿床所在地	千家岩体的不同单元

续表 5-59

编号	名称	面积（km²）	影像特征	地质特征	成因推测
2	不磨环形影像	24	影像清晰，圆形状单环，半弧状山体明显，水系不发育，多呈线状	环内出露长城系抱板群黑云斜长片麻岩，二云母片岩及中元古代花岗岩；发育有北东向及东西向断裂；不磨金矿床及公爱金矿点所在地	长城系抱板群、断裂构造
3	猴狲岭环形影像	16	影像清晰，圆形状环，有一小环叠加，中心为山脊，具放射性水系，条带状影纹	西北部出露下志留统陀烈组千枚岩、板岩、东南部出露下白垩统鹿母湾组砂岩、砂砾岩	断裂构造
4	元门环形影像	13	影像清晰，圆形状环，边界清楚，环内细脉状影纹	环内分布下白垩统鹿母湾组砂岩、砂砾岩	陨石造成的坳陷

2）遥感异常信息分布

尖峰钨矿预测工作区植被和水系非常发育，异常信息不明显，指示意义不大。工作区内共提取出羟基异常图斑3164个，铁染异常图斑1476个。遥感铁染异常信息大多意义不明，羟基异常无指示意义（伪异常），铁染异常多呈片状分布在地层岩性发育地区，羟基异常多由沿海片状的黏土类矿物引起。羟基铁染蚀变组合信息主要分布于沿海和河谷河漫滩地区。在预测工作区西面的第四纪滨海平原区和西南侧的白垩纪地层分布区，也有羟基、铁染异常浓集。在预测工作区已知矿点中，矿点与铁染羟基异常套合度不高（图5-71、图5-72）。

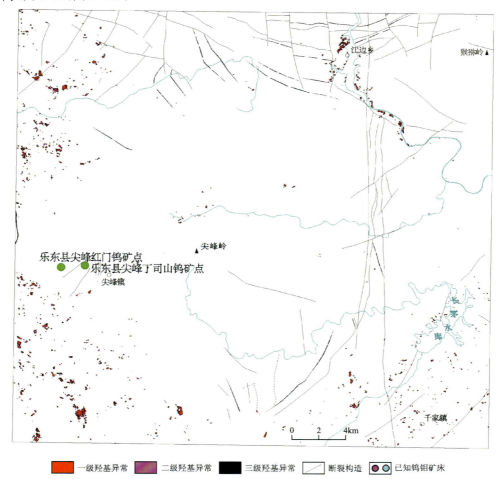

图 5-71　尖峰红门钨矿预测工作区羟基异常信息图

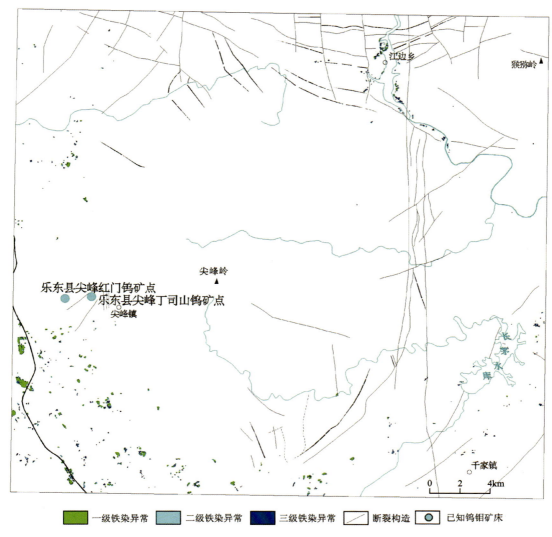

图 5-72 尖峰红门钨矿预测工作区铁染异常信息图

(二) 儋州兰洋钨矿预测工作区

儋州兰洋钨矿预测工作区位于海南岛中西部的儋州、东方、白沙、昌江、琼中、屯昌、澄迈等市县内，地理坐标：E109°09′35″—110°11′30″；N19°06′10″—19°43′30″，面积约 6028km²。区域构造位置属五指山褶冲带，昌江-琼海大断裂带和王五-文教大断裂带之间（图 5-73）。

1. 预测工作区遥感特征

儋州市兰洋钨矿预测工作区北部为王五-加来海积阶地平原区，南部为儋县-昌江花岗岩变质岩丘陵台地区，在遥感影像上地貌特征鲜明。南部区域植被发育，在遥感影像上呈绿色基本色调，第四纪构造层分布于预测工作区西北部沿海地区，以浅红色调为主，地势平坦，河湖众多，沟道弯曲，树枝状水系发育。而新生代火山岩则以蓝色、深绿色为主，地势平坦，蠕虫状斑点影纹（图 5-73）。经室内的图像地质解译，结合野外地质验证，初步建立起了儋州市兰洋钨矿预测工作区主要地质体 ETM 遥感影像解译标志（表 5-60）。

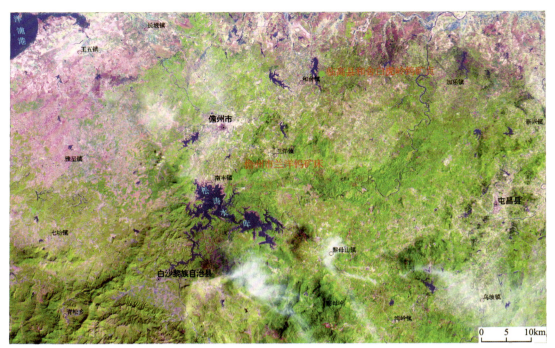

图 5-73 儋州市兰洋钨矿预测工作区遥感影像图

表 5-60 儋州市兰洋钨矿预测工作区主要地质体 ETM(R5G4B3)影像遥感解译标志简表

岩类	时代	解译标志					主要岩性
		形态	色调	影纹	地貌	水系	
沉积岩	Q	带状、片状,边界不规则	草绿色、浅粉红色、灰白色	不显或较单一	以滨海平原和山前洪积阶地为主,少数为山间盆地	水系稀疏,以树枝状、平行状为主	松散砂土、砂、砾
沉积岩	K	带状、长条状、片状,多呈直线边界	墨绿色、深绿色、草绿色、粉红色、米黄色	斑点状、橘皮状、蠕虫状、斑块状、条带状、梳状	阳江、雷鸣、王五红盆为丘陵地貌,白沙红盆以低—中山地貌为主	树枝状为主,局部扇状、平行状	砂岩、砂砾岩
火山岩	K	似圆状、带状、环状火山锥	墨绿色—草绿色、浅粉红色	斑块状、带状、羽状	中低山、丘陵,局部高山	树枝状水系稀疏	流纹斑岩、英安岩及火山碎屑岩

儋州市兰洋钨矿预测工作区线、环构造比较发育,共解译出线性构造 50 条,环形构造 8 个。线性构造主要分为东西向、北东向、南北向、北西向等(图 5-74),其中东西向有王五-文教断裂带、昌江-琼海构造带;南北向断裂带有山口-南坤断裂带和鸡实-霸王岭断裂带;北西向断裂带有洛基-南丰断裂带。

主要断裂构造遥感特征如下。

(1)王五-文教构造带:位于预测工作区北部,影像形迹清晰。横贯儋州、临高、澄迈、定安、琼山、文昌等市县,西端潜入北部湾,东端没于南海,岛上延伸达 210km。

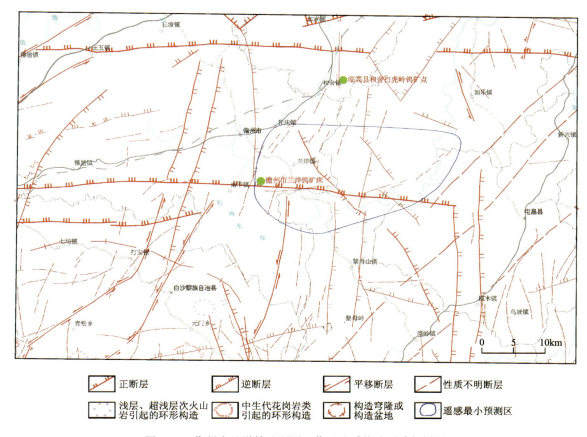

图 5-74　儋州市兰洋钨矿预测工作区地质构造遥感解译图

(2)昌江-琼海构造带：横贯东方、昌江、白沙、琼中、屯昌和琼海等市县。它是一条规模巨大以断裂带为主夹有近东西向褶皱带的断褶构造带，其延伸方向上，时隐时显，断续延长达 200km 以上。在该构造带上分布有一系列东西向断裂带

(3)冰岭断裂带：位于预测工作区西侧，在遥感影像上线性形迹清晰，该带上分布有金、银矿产。

儋州市兰洋钨矿预测工作区环形构造较为发育，区内共解译出 6 个(图 5-74)。根据遥感解译所反映的环形影像，结合地质资料，对这些环形构造影像进行分类、解释如下。

构造穹隆或构造盆地：这类环形影像共解译出 1 个，位于东方-元门地区，面积较大，为圆形状环，边界清楚，环内细脉状影纹，分布中生代岩体。

浅层、超浅层次火山岩体引起的环形构造：此类环形影像较为发育，发现有 3 处，主要沿着鸡实-霸王岭断裂带发育。该环形构造影像标志清晰，面积较小，个体均为小圆环，环内印支期二长花岗岩出露。

中生代花岗岩类引起的环形构造：此类环形影像共解译出 2 个，面积大小不一，色调一般较暗。

2. 遥感异常信息分布

儋州市兰洋钨矿预测工作区植被和水系较为发育，异常信息不明显，指示意义不大。工作区内共提取出羟基异常图斑 8915 个，铁染异常图斑 6124 个。遥感铁染异常信息大多意义不明，羟基异常无指示意义(伪异常)，铁染异常多呈片状分布在地层岩性发育地区，羟基异常多由沿海片状的黏土类矿物引起。羟基-铁染蚀变组合信息主要分布于沿海和河谷河漫滩地区。在工作区西部和西南部的玄武岩地区也有异常浓集。在预测工作区已知矿点中，矿点与铁染、羟基异常套合度不高(图 5-75、图 5-76)。

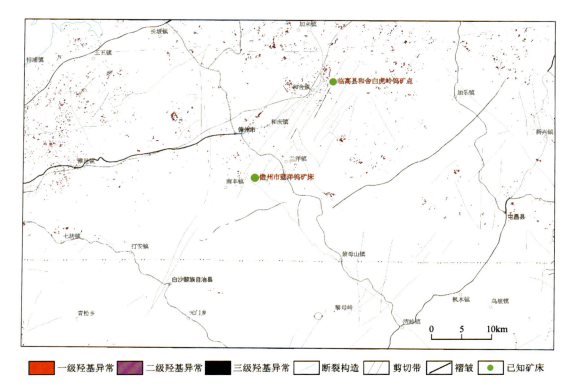

图 5-75 儋州市兰洋钨矿预测工作区羟基异常信息图

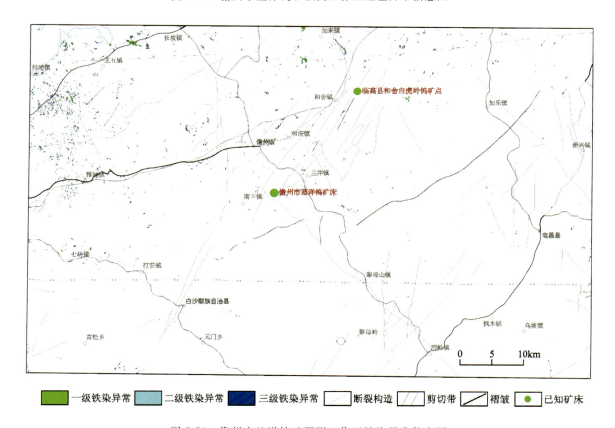

图 5-76 儋州市兰洋钨矿预测工作区铁染异常信息图

二、典型钨矿床遥感地质特征分析

海南省乐东尖峰红门中高温热液型钨矿与乐东县尖峰红门岭园珠顶式斑岩型钼矿共生,该矿床的遥感地质矿产特征与乐东县尖峰红门岭园珠顶式斑岩型钼矿床相同,在此不再重复,具体详见本章第二节中海南省乐东县报告园珠顶式斑岩型钼矿的内容。

第十一节 磷矿预测遥感资料应用成果研究

一、磷矿预测工作区遥感地质特征解译分析

磷矿的大茅预测工作区与锰矿的大茅预测工作区范围相同,预测工作区地质构造背景和遥感地质矿产特征及遥感异常可参考本章第三节中三亚大茅锰矿预测区的内容,在此不重复叙述。

二、典型磷矿床遥感地质特征分析

海南省三亚大茅海相沉积型磷矿与三亚大茅海相沉积型锰矿共生,该矿床的地质遥感特征与三亚大茅锰矿床相同,在此不再重复,具体详见本章第三节中海南省三亚大茅锰矿床的内容。

第十二节 稀土矿预测遥感资料应用成果研究

海南省的稀土矿分布于全省各地,但只有风化壳型一种。海南省成矿预测组划分的稀土矿预测类型及预测方法见表5-61。

表5-61 海南省稀土矿预测类型一览表

矿床预测类型	基底建造	矿种	典型矿床	构造分区名称	成矿构造时段	分布范围	预测方法类型
五经富式离子吸附型稀土矿	黑云母钾长花岗岩	稀土	霸王岭离子吸附型稀土矿	琼西岩浆弧	印支期	全省	沉积型

一、稀土矿预测工作区遥感地质特征解译分析

根据稀土矿床的分布情况,圈定海南岩浆弧预测工作区。海南岩浆弧预测工作区覆盖整个海南岛,面积约33 920 km^2。区域构造位置跨越五指山岩浆弧和三亚地体两个二级构造单元。根据海南岩浆弧预测工作区稀土矿分布及其地质成矿条件,将本区分为尖峰岭-霸王岭稀土成矿区、五指山-烟圩稀土成矿区。

预测工作区与本书第九节铅锌预测工作区相同(同为海南岩浆弧预测工作区),其预测工作区遥感特征详见本书第九节铅锌矿预测工作区,在此不再重述。

二、典型稀土矿床遥感地质特征分析

霸王岭稀土矿区地处海南岛西部的剥蚀丘陵区，花岗斑岩体出露，植被发育，在 SPOT-5 影像中以绿色为主色调。工作区线性构造发育，从构造格架看，区内北东向断裂构造占主导地位，以新开田-大炎新村断裂带为代表，控制了主要山脉走向。工作区西北部有一个小型的由中生代花岗岩类引起的环形构造发育（图 5-77）。

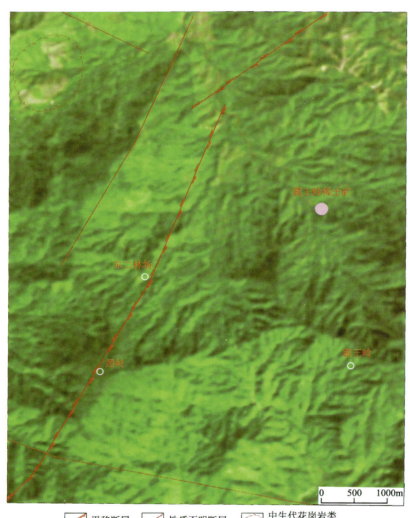

图 5-77　霸王岭稀土矿区遥感影像图

矿区坡度遥感解译

稀土矿主要产于麻山田中粗粒少斑黑云角闪石英正长岩的风化壳中，风化壳总体呈面状分布，并基本与侵入体的分布范围一致。浅井和陡坎资料表明，地形略缓的山坡、沟谷，风化壳发育较好，山顶和地形较陡的地段，风化壳相对较薄。

利用矿区 1∶1 万 DEM 地形模型与矿区遥感影像进行叠加解译分析（图 5-78）提取地形略缓的山坡、沟谷信息。本次解译利用人机交互解译，很好地提取了矿区的坡度信息（图 5-79），为稀土矿预测工作区的圈定提供了遥感解译依据。

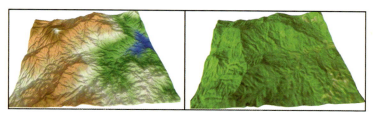

图 5-78　霸王岭稀土矿区坡度分析图

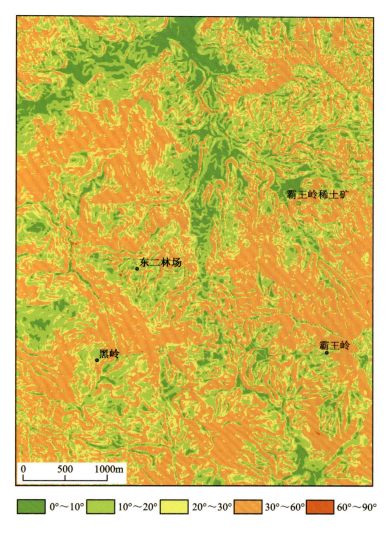

图 5-79　霸王岭稀土矿区坡度图

第十三节　铁矿预测遥感资料应用成果研究

一、铁矿预测工作区遥感地质特征解译分析

海南省的铁矿主要分布在西部和南部。本省铁矿按成因类型主要分为三大类：沉积变质型铁矿、矽卡岩型铁矿、岩浆岩型铁矿（主要为矿点或矿化点，没有成规模的矿床，因此，此类型矿床本次不划预测

工作区)。海南省矿产预测组划分的铁矿预测类型及预测方法见表5-62。

根据不同类型铁矿床的分布情况,将全岛划分为昌江县石碌、三亚市红石、三亚市田独3个铁矿预测工作区(见图5-2)。各铁矿预测工作区的分布范围及基本情况分述如下。

表5-62 海南省铁矿预测类型一览表

矿床预测类型	基底建造	矿种	典型矿床	构造分区名称	成矿构造时段	分布范围	预测方法类型
石碌式沉积变质型铁矿	中元古界抱板群	铁、铜、钴、镍、硫铁矿(共生银矿)	石碌铁矿	昌江弧状构造岩浆带	晋宁期—震旦纪	石碌铁矿区及外围	沉积变质型
大冶式矽卡岩型铁矿	中元古界抱板群	铁、铜	红石铁矿	保亭岩浆弧	燕山期	红石铁矿区及外围	矽卡岩型
		铁	田独铁矿	三亚地体	燕山期	田独铁矿区及外围	矽卡岩型

(一)昌江石碌铁矿预测工作区

昌江石碌铁矿预测工作区分布在岛西部的昌江、白沙、儋州、东方等市县内,其范围与昌江石碌银矿预测工作区相同。由于石碌铁矿与铜银钴矿共(伴)生,昌江石碌预测工作区地质背景和遥感地质矿产特征及异常特征在银矿部分已经详细说明,在此不重复叙述。

(二)三亚市红石铁矿预测工作区

三亚市红石铁矿预测工作区分布在岛南部的三亚、乐东、保亭等市县内(见图5-2),面积约750km²。区域构造位置处于五指山隆起南部与三亚台缘坳陷带交界部位,夹持于尖峰-吊罗和九所-陵水两条东西向大断裂带之间,为岗阜鸡倒转复式背斜分布区。区内主要出露志留纪和石炭纪地层,志留系自下至上有下志留统陀烈组变质粉砂岩、千枚岩、含碳千枚岩,空列村组千枚岩夹结晶灰岩、石英;中志留统大干村组结晶灰岩、千枚岩、变质砾岩,靠亲山组结晶岩、千枚岩、变质砂岩;上志留统足赛岭组千枚岩夹晶灰岩、含碳千枚岩。其中足赛岭组与铁、铜、铅、锌矿化关系密切。下石炭统南好组板岩、变质粉砂岩、砾岩。志留系足赛岭组和石炭系南好组为主要含矿层位。倒转背斜西北部有海西期二长花岗岩;东南部为印支期二长花岗岩;燕山早期花岗岩、燕山晚期花岗闪长岩、石英闪长岩、闪长岩、花岗斑岩、石英斑岩,其中燕山期花岗斑岩与区内铁、铜、铅、锌、硫等矿化关系密切。区内褶皱、断裂构造发育,褶皱主要为岗阜鸡复式倒转背斜,斜贯全区,次一级褶皱有鹅格岭-空猴岭倒转向斜、那通岭-白土岭倒转背斜、什茂-情安岭倒转向斜、振海山倒转背斜。总体走向北东向,褶皱由奥陶纪、志留纪和早石炭世地层组成。断裂构造主要有北东—北北东向、近东西向及南北向3组,后者常有燕山晚期花岗斑岩、石英斑岩充填,前两者是区内主要控矿构造。

区内地质构造复杂,岩浆活动强烈而频繁,大小岩体广泛分布,岩浆期后热液活动十分活跃,从而形成了广泛而繁多的热液蚀变岩石。常见与矿化有关的热液蚀变为矽卡岩化、绿帘石化、阳起石化、云英岩化、硅化、绢云母化、绿泥石化、黄铁矿化、碳酸盐化等,上述热液蚀变可作为区内寻找铁、铜多金属矿的重要找矿标志。

预测工作区已探明小型矿床5处(其中铁矿2处、铜矿1处、铁铜矿1处、铅锌矿1处),矿点5处(包括铅锌、铜、钨、金、毒砂)。矿床类型主要为产于足赛岭组结晶灰岩、含钙质千枚岩与燕山晚期花岗岩接触带的接触交代型(矽卡岩型)铁、铜、多金属矿床。

1. 预测工作区遥感特征

红石大冶式矽卡岩型铁矿预测工作区位于海南岛中南部的低山丘陵区，植被非常发育，在遥感影像上呈绿色基本色调，工作区西部有第四纪构造层分布，以浅色调为主，地势平坦，树枝状水系发育。新生代火山岩则以蓝色、深绿色为主，地势平坦，蠕虫状斑点影纹。区内主要经历了加里东运动、海西—印支运动、燕山运动和喜马拉雅运动，构造形迹穿插交错，其中线性、环形构造广泛发育。线性构造形迹主要由东西向、北东向及南北向线性构造组成。环形构造有多圈环带、单元环块、线环群类型。

经综合解译，工作区的线性构造主要分为东西向、北东向、南北向、北西向等。其中东西向断裂带 8 条，乐东-黎母山断裂在影像上有清晰体现。北东向有 29 条；南北向有 12 条；北西向断裂带有 8 条。工作区内环形构造发育，本次遥感解译共圈出 7 个环形构造，面积由不足 1km^2 至上百平方千米不等，其中南部地区火山机构有 5 处，集中分布在工作区南部的育才-岭壳地区（图 5-80）。

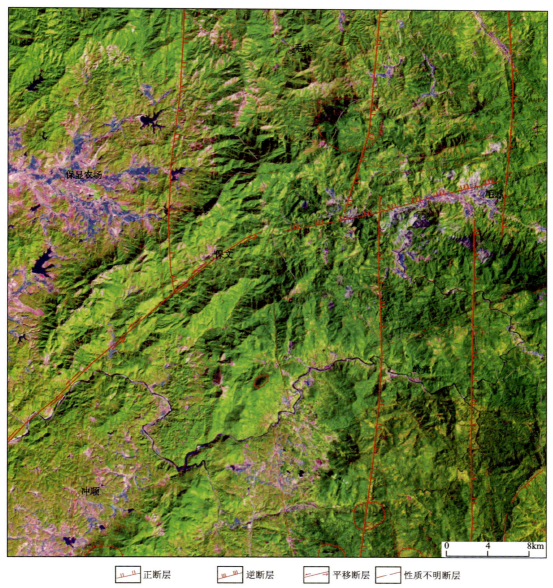

图 5-80 红石铁矿预测工作区遥感近矿找矿标志解译图

2. 遥感异常信息分布

红石铁矿预测工作区植被非常发育,对工作区内矿化蚀变异常信息的提取干扰较大。工作区内共提取出羟基异常图斑51个,铁染异常图斑38个。羟基异常主要分布于工作区西部的保显农场地区,在保显农场地区和工作区北部、毛庆以西的山谷地带有铁染异常分布。由于羟基异常和铁染异常对铁矿的反映不明显,并且工作区的植被覆盖度高,这些因素都严重影响到蚀变异常信息的提取,因此在铁矿预测中其作用是有限的。

在红石铁矿预测工作区中铁染异常多呈片状分布在地层岩性发育地区,羟基异常分布多由沿海片状的黏土类矿物引起。在红石铁矿预测工作区已知矿点中,矿点与铁染、羟基异常套合度不高(图5-81)。

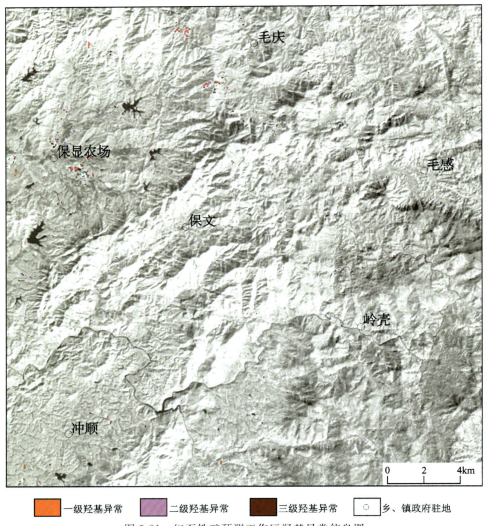

图5-81 红石铁矿预测工作区羟基异常信息图

提取预测工作区像元地面分辨率为30m×30m的羟基、铁染遥感异常信息,并进行异常筛选,编制红石铁矿预测工作区羟基异常信息图和红石铁矿预测工作区铁染异常信息图(图5-82)。

红石铁矿预测工作区植被非常发育,对工作区内矿化蚀变异常信息的提取干扰较大。工作区内共提取出羟基异常图斑51个,铁染异常图斑38个。羟基异常主要分布于工作区西部的保显农场地区。在保显农场地区和工作区北部、毛庆以西的山谷地带有铁染异常分布。

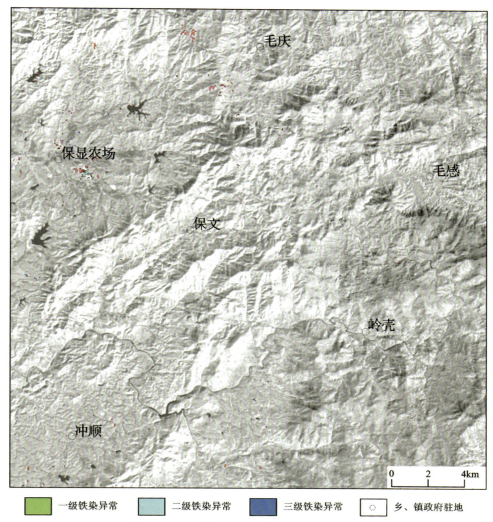

图 5-82 红石铁矿预测工作区铁染异常信息图

(三) 三亚市田独铁矿预测工作区

三亚市田独铁矿预测工作区分布在岛南部的三亚、陵水、保亭等市县内(见图 5-2),面积约 1724km²。区域构造位置属三亚台缘坳陷带东段,九所-陵水东西向深大断裂带的南北侧。区内主要出露寒武纪和奥陶纪地层,寒武系有下统孟月岭组和中统大茅组,大茅组是区内磷锰矿含矿层位,岩石组合为中细粒石英砂岩、粉砂质页岩、灰岩、白云岩、硅质岩夹硅质页岩,夹磷块岩及锰矿层。早古生代地层西北、东北、东南三面为印支期和燕山期二长花岗岩,其中燕晚期第一阶段北山二长花岗岩体面积最大,第二阶段花岗斑岩体较为发育,常呈小岩体或岩脉产出,花岗斑岩与矿化关系密切,花岗斑岩与早古生代地层接触带上常有铁、锡、铅锌矿化,形成矽卡岩型铁、锡、铅锌矿床。早古生代地层由于后期构造和岩浆侵入的破坏而支离破碎,有的呈孤岛状散布于花岗岩内。区内褶皱、断裂构造发育,褶皱构造为三道-晴坡岭-荔枝沟倒转复式向斜,轴向总体走向北东向,南东翼为正常翼,北西翼为倒转翼,两翼发育有 2~4 个次级褶皱。轴部为上奥陶统干沟村组,两翼为中、下奥陶统和寒武系。断裂构造主要有北西向、北东向两组,均为区内铁、锡、铅锌矿控矿构造。

预测工作区内已知矿产地有中型矿床 2 处(富铁矿、磷锰矿),还有锡铅、铅锌矿点 2 处。矿床类型有产于下寒武统大茅组沉积型磷锰矿床;产于燕山期花岗斑岩与寒武纪和奥陶纪地层接触带的接触交代型铁、铅锌、锡矿床。

1. 遥感地质特征解译

三亚田独大冶式矽卡岩型铁矿预测工作区地处亚热带,位于海南岛南部的低山丘陵区,植被发育,在遥感影像上呈绿色基本色调,但地貌和水系在不同构造层中反映特征则特别明显,如第四纪构造层以浅色调为主,地势平坦,河湖众多,沟道弯曲,树枝状水系发育,新生代火山岩则以蓝色、深绿色为主,地势平坦,蠕虫状斑点影纹(图5-83)。

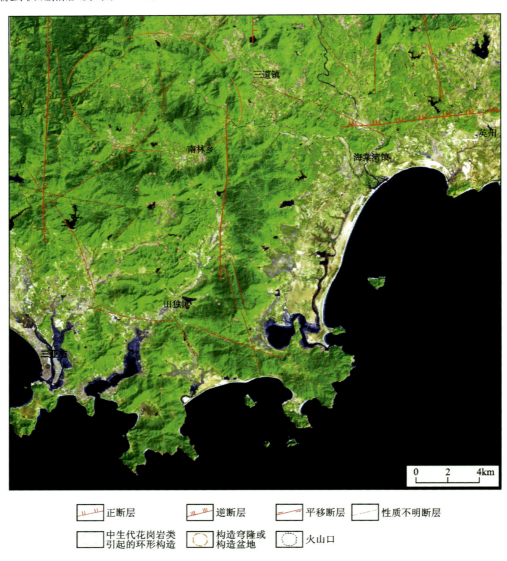

图5-83 田独铁矿预测工作区遥感近矿找矿标志解译图

区内主要经历了加里东运动、海西—印支运动、燕山运动和喜马拉雅运动,构造形迹穿插交错,其中线性、环形构造广泛发育。线性构造形迹主要由东西向、北东向及南北向线性构造组成。环形构造有多圈环带、单元环块、线环群类型。

经综合解译,工作区的线性构造主要分为东西向、北东向、南北向、北西向等(图5-83),东西向断裂带8条,其中的九所-陵水断裂带位于海南岛的南端东西向展布于N18°15′—18°25′间,横贯乐东、三亚、陵水等市县,东西长100多千米,两端延伸入海。该带为华南地台与南海地台的分界断裂,延伸到本工作区内的长度约为35km。遥感影像上线性影像发育,总体呈东西向断续展布,在断裂的中段及西段海蚀地貌发育,如鹿回头附近,海蚀崖高出地水面30余米。东西向断裂带有1条;南北向有4条;北东向有7条;北西向断裂带有16条,有一断层性质不明确。从反映不同的环形线或环形色块进行直观判读。本次遥感解译共圈出11个环状构造,面积由不足1km至上百平方千米不等。

2. 遥感异常信息分布

田独铁矿预测工作区植被非常发育,对工作区内矿化蚀变异常信息的提取干扰较大。工作区内共提取出羟基异常图斑155个,铁染异常图斑79个,异常主要分布于沿海的滨海平原地区。由于羟基异常和铁染异常对铁矿的反映不明显,并且工作区的植被覆盖度高、水系发育,这些因素都严重影响到蚀变异常信息的提取,因此在铁矿预测中其作用是有限的。在田独铁矿预测工作区中铁染异常多呈片状分布在地层岩性发育地区,羟基异常多由沿海片状的黏土类矿物引起。在田独铁矿预测工作区已知矿点中,矿点与铁染、羟基异常套和度不高。

提取预测工作区像元地面分辨率为30m×30m的羟基、铁染遥感异常信息,并进行异常筛选,编制田独铁矿预测工作区羟基异常信息图和田独铁矿预测工作区铁染异常信息图(图5-84、图5-85)。

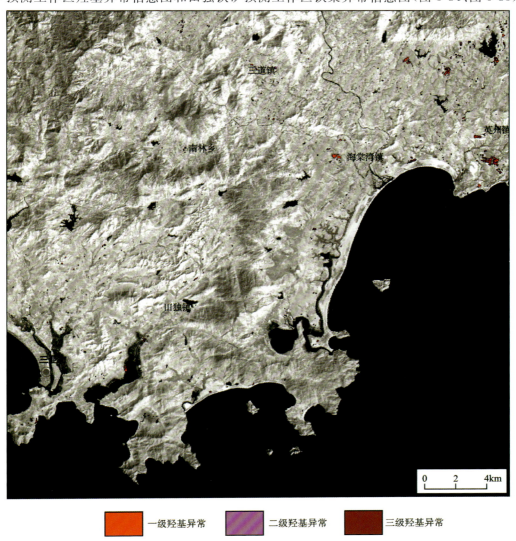

图5-84 田独铁矿预测工作区羟基异常信息图

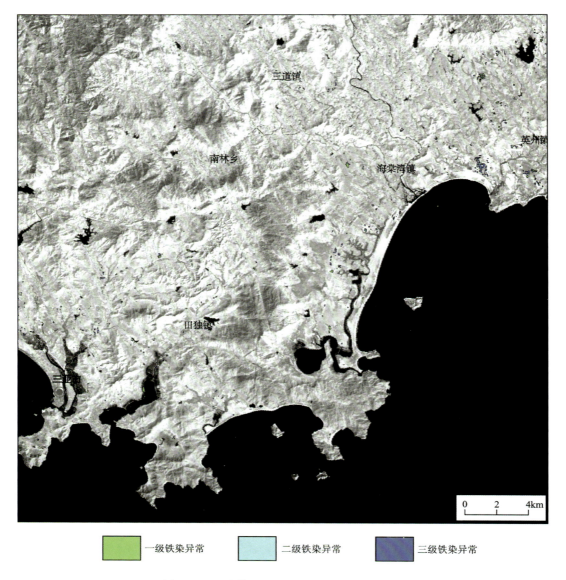

图 5-85　田独铁矿预测工作区铁染异常信息图

田独铁矿预测工作区植被、水系非常发育,对工作区内矿化蚀变异常信息的提取干扰较大。工作区内共提取出羟基异常图斑 155 个,铁染异常图斑 79 个,异常主要分布于沿海的滨海平原地区。

二、典型铁矿床遥感地质特征分析

(一)海南昌江石碌沉积变质型铁矿

海南省昌江石碌沉积变质型铁矿与石碌沉积变质型银矿伴生,该矿床的遥感地质特征与银矿相同,在此不再重复,具体详见本章第一节中海南省昌江石碌沉积变质型银矿的内容。

（二）海南三亚市红石矽卡岩型铁矿

矿区位于五指山褶冲带，尖峰-吊罗东西向断裂带南侧，岗阜鸡复式倒转背斜东南翼，北北东向牙日-南好-狗岭断裂带西南端。矿区出露地层有下古生界上志留统足赛岭组，上古生界下石炭统南好组和中生界下白垩统岭壳村组。侵入岩有花岗岩体、闪长岩体及花岗斑岩脉。矿区位于海南岛中南部的低山丘陵区，植被发育，在ETM遥感影像上呈绿色基本色调。矿床所在地区线性构造发育，矿区位于乐东-黎母山断裂下方，东边有两条南北向性质不明断裂，影像特征表现为隐晦的线性影纹、山脊错断（图5-86）。

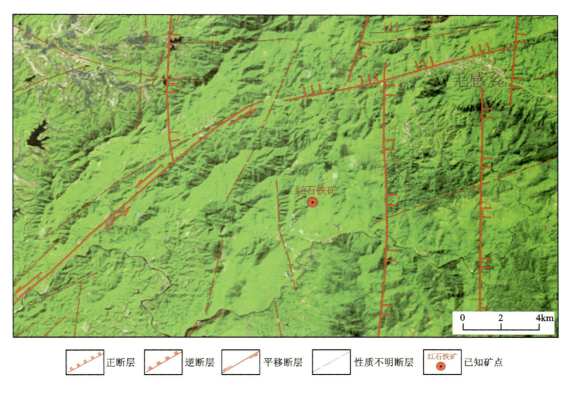

图5-86　红石铁矿所在地区构造遥感解译图

（三）海南三亚市田独矽卡岩型铁矿

矿区位于三亚台缘坳陷带的东南部，处于北东向早古生代地层与燕山晚期花岗岩接触部位。该矿床成矿与燕山晚期花岗岩浆热液活动有关，花岗岩岩性主要为花岗斑岩，区内地层主要有奥陶系尖岭组、榆红组，寒武系孟月组和大茅组。矿区位于海南岛南部的低山丘陵区，植被发育，在ETM遥感影像上呈绿色基本色调，地貌和水系在不同构造层中反映特征明显，玄武岩台地呈现深色调、低突起的叠层状影像，松散沉积物构成的阶地平原呈浅色调，表面平滑的不均匀斑块状影像。第四纪构造层以浅色调为主，地势平坦，新生代火山岩呈现灰蓝色、绿色，蠕虫状斑点影纹（图5-87）。

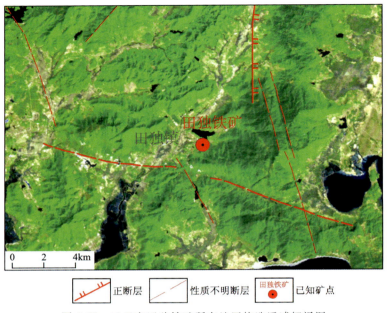

图 5-87　三亚市田独铁矿所在地区构造遥感解译图

第十四节　铝土矿预测遥感资料应用成果研究

海南省的铝土矿分布在琼东北的蓬莱一带,仅有风化壳型一种。海南省成矿预测组划分的铝土矿预测类型及预测方法见表 5-63。

表 5-63　海南省铝土矿预测类型一览表

矿床预测类型	基底建造	矿种	典型矿床	构造分区名称	成矿构造时段	分布范围	预测方法类型
海南式红土型铝土矿	新近纪火山岩	铝土矿、钴土矿、镍土矿	蓬莱铝土矿、钴土矿	琼海断陷盆地	喜马拉雅期	蓬莱铝土矿及外围	沉积型

文昌市蓬莱铝土矿预测工作区分布在岛东北部的文昌、琼海、定安、海口等市县内,面积约 2223km²。区域构造位置属五指山岩浆弧,雷琼大裂谷与五指山褶冲带的南、北两侧,王五-文教东西向深大断裂东段的南、北两侧。

一、铝土矿预测工作区遥感地质特征解译分析

根据铝土矿床的分布情况,圈定蓬莱铝土矿预测工作区。其预测工作区推断地质构造特征分述如下。

1. 遥感地质特征解译

预测工作区只是比典型矿床所在地区面积稍大,都位于海南岛东部,区内大部分为滨海平原,地貌类型以海成阶地为主,地势平缓。区域内湖泊水库众多,植被覆盖程度高。在遥感影像上呈绿色基本色

调。区域内第四纪构造层分布,在遥感图像上区域松散沉积物呈现影纹较细,水系发育,第四纪松散沉积物被开垦成农田,其影像多呈规则的长方形、正方形及条块状影纹。

工作区内有印支期的花岗岩和第三纪玄武岩大面积分布。印支期的花岗岩分布于工作区东部,植被高度覆盖,在 ETM 影像中显示为深绿色。第三纪玄武岩分布于工作区中部,影像上显示为斑点状影纹。

工作区位于其中王五-文教断裂带东端,线性、环形构造发育。经综合解译,工作区的线性构造主要分为东西向、北东向、南北向、北西向等,其中东西向断裂带 8 条,王五-文教断裂带在影像上有清晰体现,该断裂是雷琼断陷盆地南侧的边界断裂,断裂南属琼中隆起带。遥感影像上为一系列东西向断裂构成的带状低洼地貌,第四纪沉积物呈带状分布,形成东西向带状平原,特别是王五—定安一段尤为明显,在 ETM 影像上为一清晰的东西向壳带;北东向有 18 条;北西向断裂带有 20 条。本次遥感解译共圈出 8 个环形构造,面积由不足 $1km^2$ 至上百平方千米不等(图 5-88)。

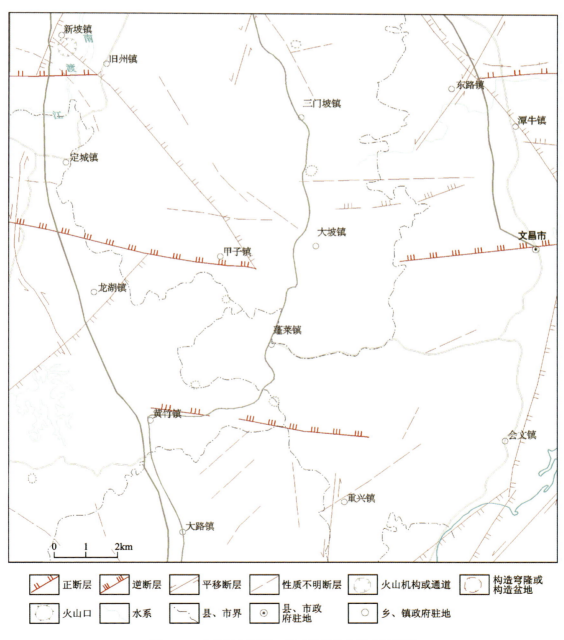

图 5-88　蓬莱铝土预测工作区线环构造遥感解译图

2. 遥感异常信息分布

蓬莱铝土矿预测工作区共提取出羟基异常图斑 1289 个，铁染异常图斑 1350 个，羟基异常在工作区西部和西南部的玄武岩地区有异常浓集，铁染异常大多沿着王五-文教断裂带分布（图 5-89、图 5-90）。

蓬莱铝土矿预测工作区植被非常发育，对工作区内矿化蚀变异常信息的提取干扰较大。由于羟基异常和铁染异常对铁矿的反映不明显，并且工作区的植被覆盖度高，这些因素都严重影响到蚀变异常信息的提取，因此在铝土矿预测中其作用是有限的。蓬莱铝土矿预测工作区中铁染异常多呈片状分布在地层岩性发育地区，羟基异常多分布于沿海片状的黏土类矿物所在区域。在蓬莱铝土矿预测工作区已知矿点中，矿点与铁染、羟基异常套合度不高。

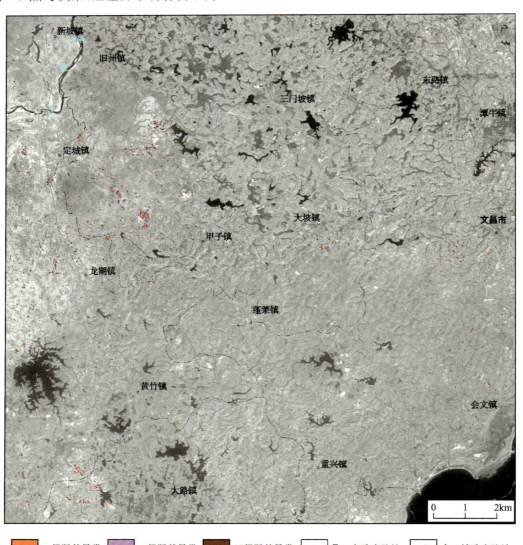

图 5-89　蓬莱铝土矿预测工作区羟基异常信息图

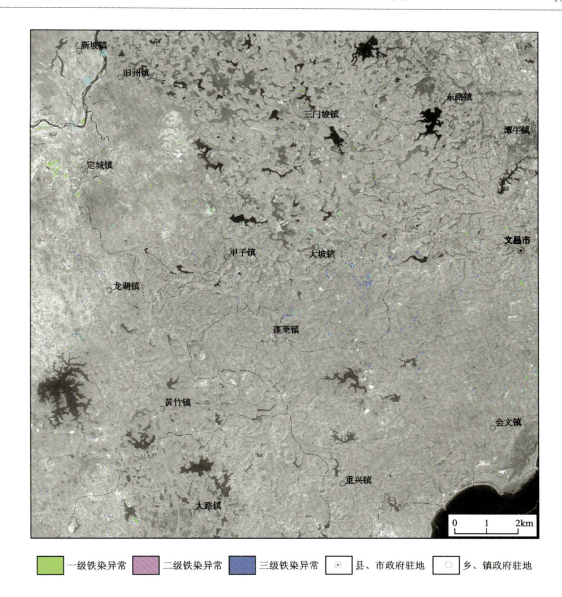

图 5-90 蓬莱铝土矿预测工作区铁染异常信息图

二、典型铝土矿床遥感地质特征分析

矿区位于五指山岩浆弧新近纪火山岩（玄武岩）带，为琼东陆内盆地铁、铝（钴）、钼、多金属成矿带（Ⅳ-53）的蓬莱铝土、钴土、宝石、褐煤、高岭土成矿区（带）（Ⅴ-8），属新生代火山喷发岩带。矿区地处海南省文昌蓬莱镇，为风化红土型铝土矿。矿区面积较大，位于海南岛东部，区内大部分为滨海平原，地貌类型以海成阶地为主，地势平缓。区域内湖泊水库众多，植被覆盖程度高。在遥感影像上呈绿色基本色调。区域内第四纪构造层分布，以浅色调为主，地形起伏不大，河湖众多，沟道弯曲，树枝状水系发育，大面积分布的新生代火山岩以蓝色、深绿色为主，蠕虫状斑点影纹。

矿区位于王五-文教断裂带东端，线性、环形构造发育，构造形迹以东西向、北东断裂为主，影像特征表现为隐晦的线性色线。矿区内环形构造以火山口或火山机构发育较为突出，沿北东向均匀分布，色调一般较暗，个体均为小圆环（图 5-91）。

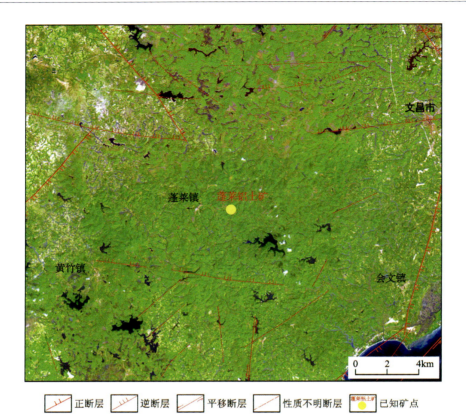

图 5-91　蓬莱铝土矿所在地区构造遥感解译图

第六章 结论与建议

第一节 主要成果

一、遥感工作方法进展

(1)收集了有关的遥感数据、地形及相关的地质矿产资料,收集、整理并总结了前人的遥感工作。首次在典型矿床研究使用了 Google 上的高分辨率遥感影像,通过实验研究,确定影像成图质量能够满足海南省典型矿床遥感研究的精度需要,是利用互联网进行遥感资料的收集与研究的一次有益的尝试。

(2)首次对覆盖海南岛范围的 ASTER 数据进行蚀变信息的提取,首次编制了 1:25 万标准分幅遥感影像图、遥感矿产地质特征解译图、遥感羟基异常分布图、遥感铁染异常分布图及海南省 1:50 万遥感影像图、遥感地质构造图、遥感异常组合图、遥感工作程度图,并编写了相应的说明书,为研究区域地质与矿产的关系提供了基础资料。

(3)首次将遥感影像解译、蚀变信息提取用于铁、铝、铜、金等矿产预测工作区及典型矿床研究,共 28 个预测工作区、10 个典型矿床,进行了矿产地质特征及遥感近矿找矿标志解译、遥感羟基异常分布图、遥感铁染异常分布图的编制。提出了断裂构造、环形构造、近矿找矿标志、遥感异常信息与成矿之间的关系,综合圈定了遥感最小预测区,指出了预测方向。

(4)综合研究遥感五要素及遥感异常特征与矿产资源的关系,圈定各矿种遥感最小预测区 46 处(其中铜矿 3 处,金矿 8 处,铅锌矿 6 处,磷矿 1 处,钨矿 3 处,稀土矿 3 处,锰矿 1 处,钼矿 8 处,银矿 6 处,硫铁矿 2 处,萤石矿 2 处,重晶石矿 3 处。铁矿、铝土矿为 2009 年工作,未圈定最小预测区),为全省矿产资源潜力评价提供了参考。

(5)遥感异常信息提取技术的全面推广。此次遥感异常提取工作,是遥感异常信息提取技术在海南省的全面推广,根据统一标准、统一要求进行的。遥感异常提取按照中国国土资源航空物探遥感中心张玉君教授编制的《遥感异常提取方法技术推广教材》进行,即采用去干扰异常主分量门限化技术对海南岛覆盖范围的 ASTER 数据进行蚀变信息的提取。

(7)根据"一图一库"原则,以项目组统一下发的 GeoMAG 软件为平台,建立了遥感专题成果数据库,包括全省性图件及数据库、1:25 万国际标准分幅图件及数据库、与矿产预测工作区同比例尺遥感图件及数据库、与典型矿床研究同比例尺遥感图件及数据库等共计 126 个图件数据库。

二、遥感构造研究成果

(1)本次工作采用 ETM 卫星数据,对海南省 1:25 万标准分幅及 1:50 万遥感影像地质构造进行了系统的解译,共解译出线要素 705 条、环要素 149 个,包括大中小型的遥感断层要素、遥感脆韧性变形构造要素和遥感环要素。羟基-铁染异常组合研究共提取羟基-铁染异常组合图斑 34 275 个,共圈出 105 处遥感异常,获得了新认识,为地质背景编图提供了遥感依据。

(2)遥感地质特征针对性解译。通过本次工作,遥感地质针对地质构造进行解译仍然是遥感影像解译的强项,沉积岩地层区的地层解译具有较好的效果,环形构造的解译也具有较好的效果。利用遥感影像解译对矿产资源进行评价及预测,在侵入岩地区具有一定的效果,但在沉积岩区的沉积矿产效果不理想。

(3)遥感预测找矿方面的进展。通过本次矿产资源潜力评价工作,遥感预测找矿作为矿产资源潜力评价工作中的重要因素,充分应用遥感影像,为成矿规律研究、典型矿床、不同类型的单矿种成矿预测区提供相应的影像图、遥感异常图、遥感矿产地质特征与遥感近矿找矿信息解译图,分析和提取找矿信息,同时,配合物探、化探及其他手段,综合分析成矿要素,为成矿预测和圈定成矿远景区提供借鉴。

(4)成果报告编写。完成了本次海南省资源潜力评价遥感资料应用成果报告的编写;完成遥感资料应用研究各种图件编图说明书和数据库说明书的编写工作。

第二节 结 论

通过一个时期以来的工作,本项目组收集了省级、预测工作区和典型矿床遥感数据以及其他有关资料,利用 RS 与 GIS 相结合对其进行了资料整理和数据处理,编制了全国项目办统一要求的基础图件和数据处理图件,对收集到的遥感资料进行了综合研究和解译,编制了本阶段各预测工作区和典型矿床的相关遥感图件,并建立其数据库。上述各种图件的编制技术和建库技术符合《遥感资料应用技术要求》和遥感规范的有关要求,上述图件的编制,不仅为本省矿产资源潜力评价提供重要的基础信息,而且为今后海南省的地质找矿、基础地质研究和各有关部门提供一套质量高和较为系统的遥感图件。本次工作圆满完成了各项任务,达到了预期目的,取得了较好的地质效果。

第三节 建 议

(1)通过本次工作,利用遥感解译线、环、色、块、带五要素进行矿产资源预测,对于岩浆型、热液型、蚀变类型等的矿产较为有利,而对其他类型的矿产预测效果一般,应进一步结合其他方法开展研究,以期取得找矿突破。

(2)本次工作是在新地质资料的基础上,对前人资料的修改和补充。但是由于矿产资源潜力评价项目时间短、范围广、任务重,所开展的综合研究只是初步的。建议今后在此基础上立项进一步地开展本省地质、物探、化探、遥感的综合研究,为海南省的地质找矿提供更丰富的信息。

第四节 存在问题

(1)海南岛因植被覆盖率高,加之多期构造运动的改造,带、块要素的解译比较困难,致使一些要素有遗漏的可能,这对矿产预测可能有一定影响。

(2)许多花岗岩侵入体围岩蚀变影像上蚀变带与围岩基本没有差异,色异常提取难度大,因此遥感色要素的解译可能也有遗漏。

(3)遥感羟基、铁染异常提取成效果较差,其中存在不少假异常,目前进行了初步筛选,消除了水体边缘、干河道引起假异常,但因缺少相关资料解读,仍有一些假异常尚未完全筛选,提交的成果因含有未被筛选的假异常,可能会为矿产预测增加难度。

(4)由于海南省典型矿床相应比例尺均较大,现有遥感基础数据无法满足其成图要求,且省内植被覆盖较高,遥感工作的困难较大,需要全国项目办加强典型矿床有关的遥感工作指导。

主要参考文献

陈述彭,童庆禧,郭华东,1998.遥感信息机理研究[M].北京:科学出版社.

陈颖民,李志忠,李加洪,等,2008.海南省(岛)国土环境资源遥感应用研究[M].北京:地质出版社.

杨日红,于学政,2005.藏东三江地区多金属矿产遥感信息综合找矿预测[J].地质与勘探,41(3):59-64.

于学政,2003.藏东遥感地质与矿产资源[M].北京:地质出版社.

于学政,2010.遥感资料应用技术要求[M].北京:科学出版社.

张玉君,杨建民,陈薇,2002.ETM+(TM)蚀变遥感异常提取方法研究与应用——地质依据和波谱前提[J].国土资源遥感(4):30-36,82.

张玉君,曾朝铭,陈薇,2003.ETM+(TM)蚀变遥感异常提取方法研究与应用——方法选择和技术流程[J].国土资源遥感(2):44-49,78.

中国科学院遥感应用研究所,1981.海南岛航空相片判读文集[M].北京:测绘出版社.

周成虎,1997.遥感影像地学理解与分析[M].北京:测绘出版社.

朱亮璞,1994.遥感地质学[M].北京:地质出版社.

内部参考资料

陈颖民,等,2003.海南省国土资源遥感综合调查[R].海口:海南省地质调查院.

海南地质综合勘察院,1995.海南岛1∶100万物探、化探、遥感综合解译成果报告[R].海口:海南地质综合勘察院.

黄香定,何圣华,等,2001.海南省矿床成矿系列及成矿预测[R].海口:海南省地质矿产勘查开发局.

吴家明,1997.海南省土地资源[R].海口:海南省土地管理局.

周彦儒,等,1995.海南岛遥感综合调查报告[R].北京:地质矿产部遥感中心.